ことわざに学ぶ気象災害から命を守る知恵

弓木春奈
NHK気象キャスター
気象予報士

河出書房新社

次代へ受け継いでいきたい命を守る知恵と方法◉はじめに

この本は、気象災害から身を守るために、先人たちが残してくれた知恵と方法を全国から収集した本です。

昔の人にとって、天気の予知は現代とは比較にならないほど命や生活がかかっていました。今日まで残る天気のことわざや言い伝えは、まさに「命を守る英知」そのものです。雲の形や風、気温、湿度などの違いを、目で見て、肌で感じて、天気の変化を予知していました。これまで災害が多く発生しているところには、かならず、先人の経験則（天気俚諺《りげん》）が伝承されています。ことわざという覚えやすい形にして、さまざまに残してくれています。

それらはこれからの時代にも、大切に伝えていく必要があります。私が２０１５年から取り組んでいるのが、天気のことわざや言い伝えを一日ひとつ、放送で紹介すること。平日の午後５時からのＮＨＫラジオ『先読み！夕方ニュース』で伝えています。さらに、一冊の本にまとめて、命を守る知恵と方法を、より多くの人に知っていただきたいと思ったのです。

本書の原稿を執筆したこの一年のあいだにも、日本では大規模な気象災害が起こっています。全国各地で〝これまでに経験したことのない〟〝50年に一度の〟などと表現される、極端《きょくたん》な大雨に見舞われました。

平成28年（２０１６）には台風10号の大雨により、岩手県岩泉町《いわいずみちょう》で川が氾濫《はんらん》し、高齢者施設がのみ込まれました。平成29年7月九州北部豪雨では、福岡県朝倉市《あさくらし》や東峰村《とうほうむら》、大分県日田《ひた》市で土砂災害や川の氾濫が多発しました。

九州北部豪雨で大雨をもたらしたのは、ライン状の危険な雨雲、いわゆる「線状降水帯《せんじょうこうすいたい》」と呼ばれるものです。天気予報の精度は年々、上がってきてはいますが、線状降水帯などの局地的な現象は、気象庁のスーパーコンピュータでも、その予測が難しいのが現状です。明日、降水があるかどうかという予報の的中率は約80パーセントと、かなり高くなっています。しかしながら、局地的な大雨や竜巻などの予報となると、なかなか精度が上がりません。竜巻注意情報の的中率は、いまのところ5～10パーセントなのです。きわめて狭い範囲で起こる現象については、スーパーコンピュータでも読めないのです。

今日においても「いざ」というとき、とっさの判断が生死を分けることがあります。匂《にお》いや音など、自分自身の五感で迫《せま》りつつある異変を感じ取ったり、適切な避難の方法を知っていることで、命を守ることができます。

そうした行動を促《うなが》すのも気象キャスターの仕事ではないかと考えます。放送における気象キャスターの役割とは、「気象災害から身を守る行動をしてもらう〝きっかけ〟をつくること」です。いざというときに、あなたや大切な人の身を守るのはあなた自身です。その契機《けいき》をつくれる存在になれればと思います。

こんなふうに強く思うようになったのは、東日本大震災以降です。災害で命を落とす人をひとりでも少なくできたら……と考えるようになりました。現在、担当しているＮＨＫラジオでは、台風が近づいているときや特別警報が出ている場合は、防災情報をできるだけ多く伝えることを心がけています。いつもの出番に加えて、多いときには30分に1回、解説をすることもあります。そして、災害発生時には、〝いま、命を守る情報〟を伝える放送こそが使命だと感じています。

この本では、非日常の気象から身を守るというテーマを主眼において、全国各地の、一年を通じてのことわざや言い伝えを集めました。先人が残してくれたすばらしい知恵と方法をたくさん身につけていただきたいと思います。

弓木春奈

1章 天災地変をいち早く察知する

2章 急変する天気の予兆をつかむ

3章 危機から逃れる知恵、身を守る術

4章 津波から、いかに生き延びるか

5章 春夏秋冬、警戒したい空模様

6章 こんな天候の年はいずれ異変が…

装丁◉大野恵美子
カバー写真◉イメージマート
本文イラスト◉青木廉児
図版作成◉AKIBA
◉WADE
◉アルファヴィル

1章
天災地変を
いち早く察知する

いつもはしない「匂い・音」をキャッチする

雨が降り出す前や降り出したとき、独特の匂《にお》いがしませんか？　アスファルトが湿《しめ》った匂いや土の匂いなど、雨の日にはさまざまな匂いがします。湿度が高いので、匂いを感じやすくなるのでしょう。

夏の暑い日には、強い日差しに照らされた草むらから、〝草いきれ〟の匂いがすることもあります。この匂いを嗅《か》ぐと夏を感じます。冬には、冷たい北風がほこりっぽい匂いを運んできます。このように、一度嗅いだことのある匂いというのは、自然と体で覚えているものです。

匂いは、天気の予知にも使うことができます。土砂災害の前兆を、嗅覚《きゅうかく》で感じることができるのです。

『蛇《じゃ》抜《ぬ》けの前には、きな臭い匂いがする』

長野県南木曽町《なぎそまち》のことわざです。長野県などでは、山崩れや土石流《どせきりゅう》のことを「蛇抜け」といいます。土砂が凄《すさ》まじい勢いで流れ下っていく様子が、まるで大蛇が木々をなぎ倒して通り抜けるように見えるからです。

この蛇抜けの前には、〝きな臭い〟匂いがすると言い伝えられています。きな臭いというと、現在は「胡散《うさん》くさい」とか「物騒《ぶっそう》である」という意味で使われることが多いですが、もともとは焦《こ》げ臭いことを〝きな臭い〟といったそうです。

土砂災害が起きる前に、物が焼けるような匂いがすることがあります。ほかにも、山が削れて土が掘り返されることで土の匂いがしたり、木が裂けたり倒れたりすることで木の匂いがするといわれています。ですから、大雨の際にふだん嗅いだことのない異様な匂いがしたら、危険を感じ取ってください。命の危険が迫《せま》っているおそれがあります。

南木曽町は、過去に何度も土砂災害が発生している地域です。最近では、平成26年（2014）7月に、台風8号が梅雨《ばいう》前線を刺激して大雨となり、土砂災害が発生しました。

このとき、台風は九州の西を進んでいましたが、台風周辺から流れ込んだ湿った空気が、本州付近の前線の活動を活発にしたため、長野県は台風から遠く離れていたにもかかわらず、大雨に見舞われたのです。

災害が多く発生する場所には、かならず「先人の知恵」が残っています。そして、その知恵はあなたや家族の命を、災害から守ってくれるのです。

＊

長崎市の山川河内《さんぜんごうち》地区にも、いつもと違う匂いを感じ取ることで、命を守る方法が残っています。

この地区では毎月、〝念仏講〟という行事が行なわれます。念仏講は、ある災害以来、これまで１６０年近く受け継がれており、毎月14日にまんじゅうなどを持ち回りで全世帯に配り、災害の犠牲者を供養《くよう》し、また、その災害を忘れぬように続けられている行事です。

その災害とは、江戸時代まで遡《さかのぼ》ります。江戸末期、万延《まんえん》元年（１８６０）に起きた土砂災害です。豪雨により、集落の中心部にある「脱げ底の川」の上流で土石流が発生し、下流の集落を一瞬にしてのみ込みました。この豪雨による犠牲者は33人、即死だったといいます。

『山潮《やましお》の前には川の水に異臭・悪臭がする』

この辺《あた》りの地域では、土石流のことを「山潮」や「脱げ流れ」といいます。ひとたび山潮が起こると、逃げるまもなくあっというまに下流の地域が襲われることから、この言い伝えのように嗅覚など五感を使って、その前触《まえぶ》れに気付くことができれば、早めに避難することが可能になります。

こうした言い伝えや念仏講などの取り組みによって、過去の災害を伝承しているこの地域では、その後の災害でも一人ひとりの防災意識の高さがうかがえます。

昭和57年（1982）7月の長崎豪雨では、梅雨前線の活動が活発になり、長崎県で猛烈な雨が降り続きました。長崎市では3時間という短い時間に313ミリの大雨を観測。市内を中心に土砂災害があいつぎ、死者・行方不明者は、約300人に上りました。

この豪雨で、山川河内地区の隣の芒塚《すすきづか》地区では17人という大勢の犠牲者が出たものの、山川河内地区で命を落とした人はひとりもいませんでした。この地区の人々は、自治体の指示が出される前に、自主的に避難したために助かったといいます。

危険を感じたら、誰かの指示を待つのではなく、一人ひとりが適切な判断をすることが大切なのです。

＊

岐阜県高山《たかやま》市には、「土砂災害の前に、雷のような大きな音がする」という言い伝えが残っています。

『山のほうで雷のような音がしたら、とにかく逃げ出せ』

「雷のような音」というのは、地鳴りや山鳴りだと考えられます。地鳴りや山鳴りは、「ゴーゴー」「ドンドン」という大きな音がします。ほかにも、石と石がぶつかる音や木が裂ける音、木が根こそぎ倒れる音がするといわれています。

そのような音がしたら、今まさに近くで土砂災害が発生している状態です。自分のいるところにも、あっというまに土砂が押し寄せてくるおそれがあります。すぐに、崖《がけ》や斜面から離れて、安全な場所に避難してください。

自分の身は自分で守らなくてはいけません。少しでも危険を感じたら、すぐに避難する必要があります。

けっして、「逃げておけばよかった」と後悔しないようにしてください。もし、空振りに終わっても、「何もなくてよかった。避難の練習になったね」と思うようにしましょう。

避難勧告に頼りきらない

災害が発生するような大雨のとき、避難勧告や避難指示等の発令を待っていては、手遅れになってしまうことがあります。

平成25年（2013）10月、台風26号により、伊豆大島で大規模な土砂災害が発生しましたが、このときも避難勧告等の行政の呼びかけが間に合いませんでした。

11日に、マリアナ諸島近海で発生した台風26号は、16日未明から朝にかけて、強い勢力を保ったまま伊豆諸島や関東に接近。伊豆大島では、記録的な大雨になりました。このとき、観測史上もっとも多い、1時間に122・5ミリの猛烈な雨を観測しています。暖気《だんき》と寒気《かんき》のぶつかり合いによって、雨雲が発達し、線状降水帯《せんじょうこうすいたい》が形成されたことで、雨量が多くなったのです。

また、地質の問題もありました。溶岩の上に堆積《たいせき》していた火山灰などの表層土《ひょうそう》に大雨が染《し》み込み、大規模な崩壊が発生。大量の泥流《でいりゅう》と流木が、民家などを一気にのみ込みました。

土砂災害が発生した時刻は、16日の未明。前日15日の夕方ごろから雨が強まり、伊豆諸島の各地に土砂災害警戒情報が発表され、16日未明は大雨のピークとなりました。しかし、行政からの避難勧告や避難指示の呼びかけはありませんでした。

この災害以来、避難勧告等の判断が見直され、土砂災害警戒情報が発表された段階で、避難勧告も出されることが原則となっています。

自治体も、情報を受け取る側も、〝空振り〟を恐れないことが大切です。大雨警報や土砂災害警戒情報、避難勧告等の情報を参考にする必要がありますが、それでも100パーセントの安全が保障されているわけではありません。最終的に判断を下すのは、自分です。

雨の降り方など、明らかにいつもとは違うと感じることがあったら、情報が出る前に自主的に避難してください。無駄足をためらうことなく。

川の流れの変化を見過ごさない

土砂災害の前兆に気付くには、川の様子の変化にも注意する必要があります。

『降雨中、川水減れば山津波あり』

山津波というのは、文字どおり、大雨などによって山が崩れ、土砂が津波のように押し寄せてくる土石流のことです。

通常、大量の雨が降れば、川の水かさはみるみる増しますが、減ることもあります。雨が降っているのに川の水が減るなんて、矛盾《むじゅん》しているように思うかもしれません。

じつは、こんなときはもう、どこかで異変が起こっており、川の上流で斜面が崩れ、大木や岩が川の水をせきとめている危険な状況なのです。さらに雨が降り続き、せきとめている木や岩が水の重さに耐えきれなくなり、限界に達すると、一気に崩壊。大量の水がどっと下流まで流れ込むおそれがあります。

この異変は、音でも感じ取ることができます。

『沢の音がしているときは安全だが、沢の音が止まるとこわい』

も同様の意味のことわざです。川の水が減ったら、すぐに川から離れて、できるだけ高い場所へ避難してください。

大雨によって山が崩れ、土砂が川をせきとめると、いわゆる〝せきとめ湖〟が形成されます。この湖が崩壊すると、大量の土砂や水が土石流となって下流に押し寄せるため、非常に危険です。

明治25年（1892）7月、豪雨による山崩れでせきとめられた徳島県の那賀川《なかがわ》は、その2日後に決壊し、数十里の地域をのみ込んだといいます。このときの状況について、那賀川が流れる阿南《あなん》市では、「那賀川の濁流《だくりゅう》が一斉に引いていった」と伝えられています。

しかし、これを見て危険を感じ取った人々が、飛脚《ひきゃく》や半鐘《はんしょう》を使って、川が氾濫《はんらん》する危険を下流の村に伝えたため、亡くなった人は、ほんのわずかだったということです。

最近では、平成23年（2011）8月、台風12号による紀伊半島豪雨の際も、和歌山県や奈良県のあちこちで土砂災害や川の氾濫が発生し、いくつものせきとめ湖ができました。その後も、台風14号、15号によってさらに大雨に見舞われ、いつ崩壊してもおかしくない状況が続きました。

そのため、ヘリコプターからせきとめ湖に水位計を投下したり、川の様子を監視するために、センサーやカメラが設置されました。

周辺に住んでいた人は、しばらく自宅に戻ることができませんでした。安全が確認され、すべての人が帰宅できるまで、なんと5か月近くもかかったということです。

川の異変に気付くには、いつもの川の様子を知っておかなければなりません。自宅の周辺の川は、平常時はどのぐらいの水位で、どのぐらいのスピードで流れているのかを知っておく必要があります。

台風などにより大雨になったとき、川の水がいつもより急に増えたり、減ったりするのを見《み》逃《のが》さないでください。

＊

宮崎県西郷村《さいごうそん》（現：美郷町《みさとちょう》）でも、「土砂災害の前には自然からの警告がある」と伝えられています。

『大雨のとき、いつもは透明である湧水《ゆうすい》に濁《にご》りが出たら逃げろ』

土砂災害は、大きく3種類に分けられます。斜面崩壊、土石流、地滑《じすべ》りです。記録的な大雨になったときには、これらが組み合わさり、大きな災害につながることもあります。

斜面崩壊とは、一般にいう「土砂崩れ」のことです。斜面崩壊の前には多量の濁った水が噴《ふ》き出すことがあり、こうしたことわざが残っています。ほかに、斜面にひびが入ることもあります。

平成10年（1998）8月の豪雨でも、栃木県や福島県のあちこちで斜面崩壊が発生しました。26日から31日にかけて、前線が日本付近に停滞し、さらに南からは台風4号が近づいていました。このため、前線の活動が活発化し、栃木県や福島県などでは、激しい雨が長時間、降り続きました。

栃木県の那須《なす》高原では、27日の日降水量が607ミリに達しました。1日の降水量が年間降水量の5〜10パーセントを超えると、災害が発生するとされています。

那須高原の平年の年間降水量は1960・8ミリ。この10パーセントというと、約200ミリですが、その3倍もの雨が1日で降ったのです。26日から31日までの総雨量は1254ミリに達し、たった6日間で年間降水量の3分の2に達する大雨になりました。

栃木県と福島県では、この大雨で1000か所以上の斜面崩壊が発生。とくに被害が大きくなったのは、福島県西部の丘陵《きゅうりょう》地《ち》でした。この地域は、もともと崩れやすい地質でもありました。豪雨による栃木県と福島県の死者・行方不明者は18人に上っています。

土砂災害の前兆現象を感じ取ったら、とにかく早めの避難を心がけることです。

不意の大水から身を守る

平成29年（2017）7月に九州北部を襲った記録的な豪雨の翌朝、悲惨な映像がテレビに映っていました。

濁流とともに、橋に引っかかり、川の水をせきとめる多くの大木。土砂とともにふもとの住宅に押し寄せた流木の山。流された家、土砂や濁流で破壊されている家も。辺りは茶色一色で、まるでセピア色の写真のよう。茶色く濁った水がかぶり、どこが道路でどこが田んぼだったのか、川だったのかわからないような状況になっていました。

陸上からは近づけないようなところも多く、ヘリコプターやドローンなど、上空からの映像によって、被害の全貌が少しずつ明らかになっていきました。

『根こそぎの流木が多いときは油断できぬ。洪水だ』

これは福岡県のことわざです。大雨の際、筑後川《ちくごがわ》では流木が多いと洪水を警戒します。流木が多くなっているときは、すでに上流のどこかで土砂災害が発生している証拠です。下流にも被害が拡大するおそれがあります。

流木は、その数が多いと川の水をせきとめ、氾濫の引き金になったり、住宅を破壊したりして、人の命を奪うこともあります。平成29年7月九州北部豪雨は、〝流木災害〟ともいわれるほど、流木によって多くの人の命が奪われました。

梅雨真っただなかの7月5日、九州北部では、日中から夜にかけて線状降水帯がなかなか動かず、猛烈な雨が長い時間降り続き、福岡県と大分県に大雨の特別警報が発表されました。

福岡県朝倉《あさくら》市ではこの日、１日の降水量が５００ミリを超える大雨になりました。朝倉市の７月１か月の平均降水量がおよそ３５０ミリですから、この１・５倍の大雨がたった１日で一気に降ったことになります。

朝倉市や東峰村《とうほうむら》で土砂が崩れたところは、少なくとも３００か所以上、また、流木は20万トンを超えました。

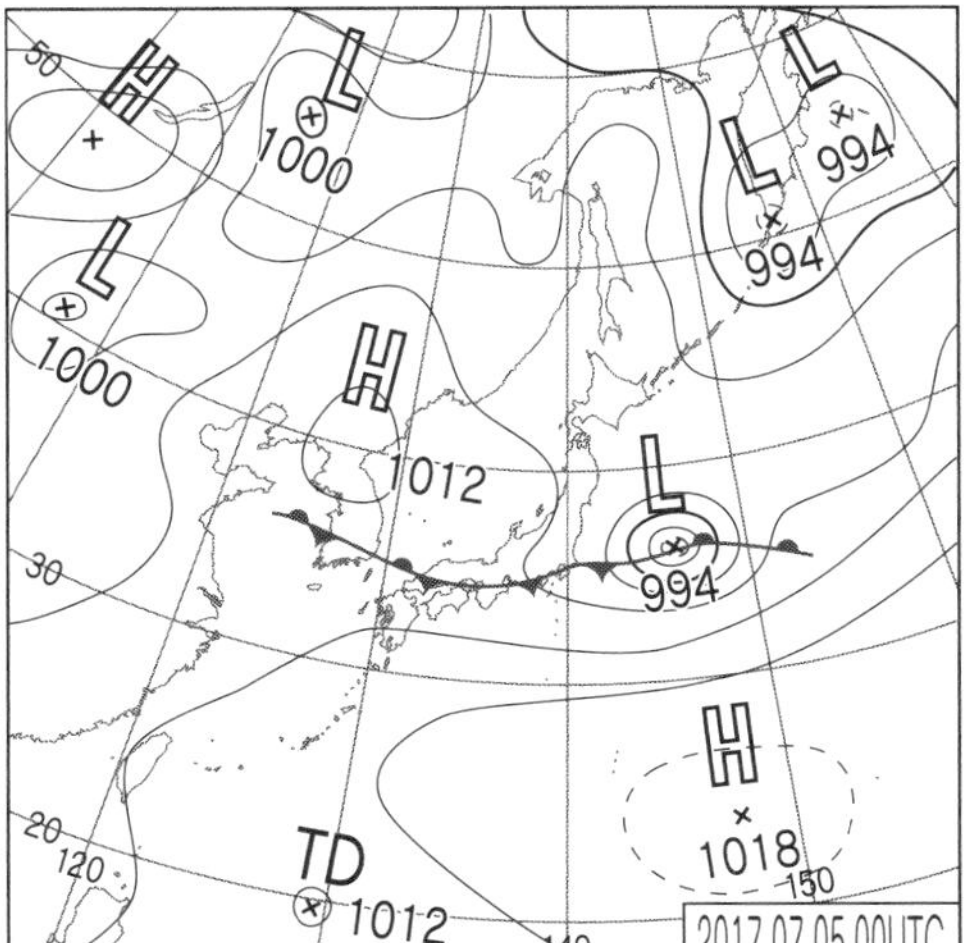

平成29年7月5日9時の天気図

※気象庁ホームページを参考に作成

この5年前の平成24年7月九州北部豪雨でも、福岡県や大分県、熊本県など同じような地域で記録的な大雨になり、同様の被害が発生しています。

地域によって起こりやすい災害があります。「自分の地域では、どのような災害が起こりやすいのか」、そして「危険な場所はどこなのか」。

このふたつを、自治体が作成しているハザードマップなどで、平時のうちにかならず確認しておきましょう。

＊

洪水の危険が差し迫っているときには、ほかにもこのような前兆があります。

『川垢《かわあか》が多く流れるときは洪水近し』

ここでいう「川垢」とは、水草《みずくさ》や藻《も》などのことを指します。上流で大雨になると、川の水の量が多くなったり、流れが速くなったりして、水草や藻が大量に流れることがあります。このようなときは、たとえ下流で雨が降っていなかったとしても、川の水が溢《あふ》れる可能性が高く、洪水を警戒しなくてはいけません。

夏に、家族で川遊びをするという方も多いことでしょう。川遊びのときには、自分のいる場所の天気はもちろんのこと、上流の天気も気にする必要があります。スマートフォンで雨雲の動きを見るなどして、上流で雨が降っていないか、自分のいるところに雨雲が近づく予想になっていないか、かならず確認するようにしてください。

毎年、とくに夏休みの時期になると、川の水難事故が多くなります。ただし、川に潜《ひそ》む危険を知っておくことで、事故は未然に防ぐことができます。そのうちのいくつかをご紹介しましょう。

〝ホワイトウォーター〟とは、白く泡立った流れのことです。空気を多く含んだ水中では、浮《ふ》力《りょく》が小さくなり危険です。ライフジャケットを着けていたとしても、安心してはいけません。水面に顔を出しづらくなり、溺死《できし》することもあります。

〝フットエントラップメント〟は、足が水中でつかまってしまうことです。川底の石と石のあいだに足が挟《はさ》まれて、転倒することがあります。

すると、流れる水の勢いで一気に圧力がかかり、体が水中に押し込まれ、顔を水面に出せなくなって溺死するおそれがあります。

万が一、流されてしまったときは、足を下流のほうに向け、足先は水面まで持ち上げて、「ラッコの姿勢」をとり、救助を待ってください。

救助する側は、自分の安全を確保しながら、流された人に声をかけましょう。スローロープ

フットエントラップメント

水圧
足が石のあいだにはさまれて転倒すると、水圧によって、体が水中へと押し込まれる

を使った救助方法が、比較的リスクが低いとされています。スローバッグという袋に、水に浮く素材でできたロープが入っています。これがスローロープです。

流されている人にロープのついたバッグを投げ、つかんでもらいます。流されている人がロープをつかんだら、救助者はしゃがみ、川に引き込まれないようにしてください。

また、無理にロープを引き寄せてはいけません。引き寄せなくても、流されている人がロープを握っているだけで、振り子のように岸にたどり着きます。

川遊びでは、川の特徴を知り、もしものときの救助の仕方、救助のされ方も覚えておいてください。

岐阜県には、洪水になるまでの時間を表した、このような言葉が残されています。

＊

『四刻・八刻・十二刻』

岐阜県では、「揖斐川《いびがわ》で四刻、長良川《ながらがわ》で八刻、木曽川《きそがわ》で十二刻」で洪水になるといわれています。一刻は約2時間ですから、「揖斐川で8時間、長良川で16時間、木曽川では24時間」で洪水になるということです。

この言葉からもわかるとおり、小さな川では大雨で急に増水することがある一方で、大きな川は、しばらくしてから増水することがあります。

揖斐川、長良川、木曽川は、いずれも濃尾《のうび》平野を流れ、合わせて「木曽三川」と呼ばれています。一級河川が3本も集まっているのは、日本国内で濃尾平野だけです。

豊富な水は、濃尾平野に住む人々の生活を支えてきましたが、かつては支流が網の目のようにつながっていたため、一度大雨になると、洪水の被害が大きくなりやすい地域でした。この辺りは「輪中《わじゅう》地帯」といい、ドーナツ状に農地や居住地を土手で円《まる》く囲うことで、洪水から暮らしを守ってきた歴史があります。

昭和51年（1976）9月の台風17号による豪雨では、長良川の堤防が決壊し、岐阜県史上最悪の水害となりました。

長良川上流域の大日岳《だいにちだけ》にかつて設置されていたアメダスでは、9月8日から12日までの5日間の降水量が900ミリ近くに達しました。この大雨により、安八町《あんぱちちょう》では、長良川の右岸が約80メートルにわたり決壊しました。

堤防の決壊が起こる前に、こんな現象があったそうです。決壊の3時間前には、堤防の「のり面（法面：切り土や盛り土でつくられる人工的な斜面）」に亀裂ができ、崩れはじめていたといいます。その後、立っていられないくらいの地震のような揺れが起こったり、草の根が切れる音がしたりして、ついに限界に達した堤防が崩れました。

濁流は瞬時に周りの地域へと広がり、堤防が決壊したのは昼前でしたが、夕方には約1200世帯が浸水しました。また、この豪雨では、水防活動をされていた方も犠牲になっています。

生き物は異変を予知する…

皆さんは、〝宏観異常現象《こうかん》〟というものを聞いたことがありますか？　大きな地震の前に起こる現象で、「井戸水が増える」というのもそのひとつです。

『井戸の水が増えると変事が起こる』

ほかには、動物がふだんとは異なる行動をとったり、空の様子に異常な変化が表れたりするといわれています。科学的な根拠がないものが多い一方、まったく根拠がないということも証明されていません。まだ研究途上の、「未知科学」といわれている分野だそうです。

じっさいに中国では、宏観異常現象により、事前に大地震の被害を軽減できたことがあるといいます。1975年2月4日に発生した海城《かいじょう》地震でのことです。

中国も、日本と同様に地震が頻発《ひんぱつ》するため、政府は1970年代はじめから、地震予知のための調査や研究に力を入れるようになりました。

海城地震の前年の1974年6月、「今後、遼寧《りようねい》省で大地震のおそれがある」と予測し、警報を出しました。その後、宏観異常現象を住民から収集する体制をつくり、「大地震の前に表れるさまざまな異常を目撃したら、報告せよ」と呼びかけました。

すると、地震発生2か月前の1974年12月には、動物の異常行動や井戸水の変化などの報告が増加しました。たとえば、ネズミの群《む》れが暴れたり、冬眠中のヘビが地中から出て凍死していたり、井戸水の水位が急に変化したといいます。

さらに、年が明けて1975年1月になると、動物の異常行動がそれまで以上に増え、2月に入ると、小さな地震が頻発するようになりました。そこで、政府は2月4日、臨震予報（直前予報）を出し、午後2時までに海城県の住民を避難させました。そしてついに午後7時、大地震が発生しました。これが海城地震です。

地震は、台風などほかの災害と異なり、現在の技術では、数日前の予測ができません。宏観異常現象は科学的ではありませんが、何かいつもと違うな、異常だなと変化を感じたら、災害の発生を少し疑ってもいいかもしれません。

宏観異常現象にかかわることわざは、ほかにもこんなに多く残っています。

『地震の前には、キジなどの鳥が鳴く』
『地震の前には魚が跳《は》ねる』
『ねずみが騒ぐと地震が来る』
『なまずが動き出すと地震が起こる』
『アリが多い年は地震多し』
『月の色が赤みを帯《お》びて平素と変わった色をしていると地震がある』

＊

地震と同様に、火山の噴火の前兆も、ことわざとして残っています。

『山の生き物が里に下りたら、火山爆発の前兆』

富士山のお膝元《ひざもと》である山梨県富士河口湖町《ふじかわぐちこまち》には、噴火の前兆の言い伝えがあります。噴火の前には、小さな揺れの地震が起こったり、地熱が高くなったりすることがあるため、その変化を感じた山の生き物がふもとへ逃げてくるというものです。

日本国内には、111もの活火山があります。過去1万年以内に噴火したことのある火山、もしくは現在、活発に活動している火山を「活火山」と呼びます。

火山のおかげで、温泉や美しい景観などといった恩恵を受けることができますが、噴火は時に大規模な災害を発生させます。

大正3年（1914）1月の桜島大正噴火で噴出《ふんしゅつ》した溶岩や火山灰、軽石は、合わせて約32億トン（東京ドーム約1600個分）に上りました。しかし、これだけの大噴火だったにもかかわらず、人的被害は少なくて済みました。

それにはこんな理由があります。桜島では、天平宝字《てんぴょうほうじ》（764年）や文明《ぶんめい》（1471年〜）、安永《あんえい》（1779年〜）の時代にも大噴火があったことから、噴火の前には、地震が発生したり、海岸から温水が出たりするなど、その前兆にまつわる言い伝えが残っていました。そのため、自治体の避難指示が出る数日前から、住民はすでに自主的に避難していたのだそうです。

日本の活火山の分布

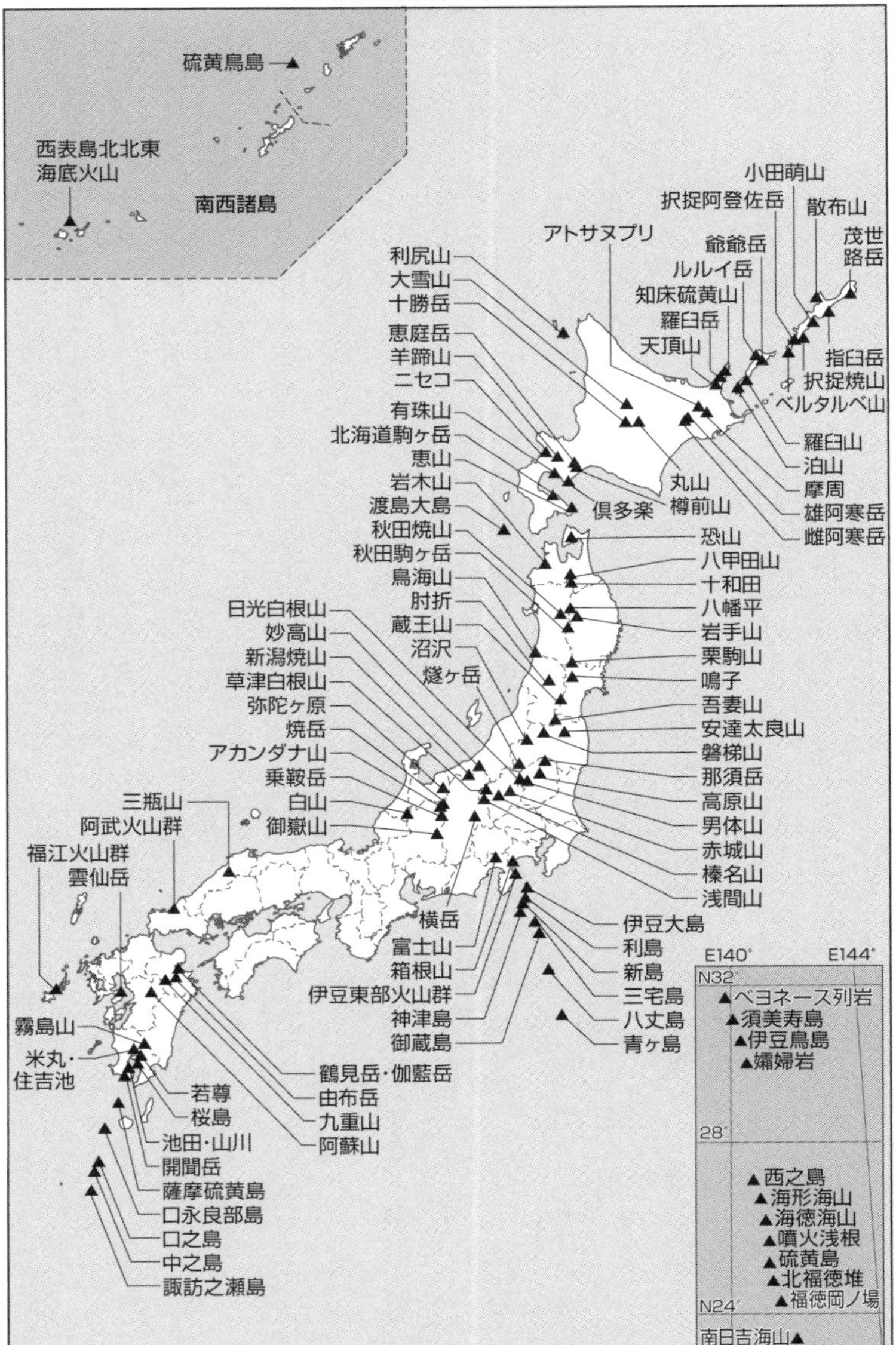

※気象庁ホームページを参考に作成

『地熱はなはだしきことあれば火山爆発の前兆なり』
『山里にて一夜の間に樹木の花咲くことあれば大噴火近し』

これらも、同様の意味のことわざです。噴火の前には、地熱が高くなるため、その影響で開花が促《うなが》されるのでしょうか。

一方、何の前兆もなく、避難する暇《ひま》もなかったため、多くの方が犠牲となってしまったのが、記憶に新しい御嶽山《おんたけさん》の噴火です。

平成26年（２０１４）９月27日午前11時52分ごろ、長野県と岐阜県の境にある御嶽山が、突然噴火しました。戦後最悪の火山災害といわれています。

この日は土曜日で、穏《おだ》やかな行楽日和《びより》に恵まれていた御嶽山。自動車やロープウェイで７合目付近まで行くことができ、そこから歩いて３時間ほどで山頂にたどり着けることもあって、多くの登山者が訪れていました。

しかも、噴火が発生した時刻はちょうどお昼どきで、山頂付近で昼食や休憩をとっていた人も多く、悪い条件が重なってしまいました。噴火警戒レベル１（平常）の状態で突然、噴火したため、登山者が大勢巻き込まれ、死者・行方不明者は63人に上りました。

この御嶽山の火山災害で亡くなった方は、噴石《ふんせき》がぶつかったことによる損傷死がほとんどでした。頂上付近には、噴石から逃れられるような安全な場所はほとんどありません。直径50センチメートル以上の大きな噴石は、火口から約2〜4キロメートル以内に落下し、建物の屋根を突き破ったり、人を殺傷《さつしょう》したりするほどの威力があります。

活火山に登山する際は、噴火に遭遇したときにどのように避難すべきかを考えておく必要があります。御嶽山の噴火のように、予兆が表れにくい場合もあります。

そこで、自分は大丈夫とは思わずに、かならず備《そな》えをしましょう。ヘルメットやゴーグル、マスク、防寒着などを携帯してください。

また、火山の噴火では、一人ひとりの装備が万全であっても、被害にあってしまうものです。それぞれの火山に、身を隠すためのシェルターを設置するなど、登山者の命を守るための対策も必要ではないでしょうか。

2章 急変する天気の予兆をつかむ

台風襲来には前触れがある

私は海のない埼玉県出身ですので、幼いころの海水浴といえば、少し足を延ばして茨城県の大洗《おおあらい》海岸に行っていました。砂浜の波が届かないところでビーチサンダルを脱いだはずなのに、海でしばらく遊んだあとに戻ると、いつのまにかビーチサンダルが波にのみ込まれていたことを不思議に思ったものです。

潮の満ち引きは、多くの場所で、1日に2回あります。さらに、新月と満月のころには大潮《おおしお》となります。このように、天体の影響による潮位の変化のことを「天文潮《てんもんちょう》」、一方、台風の接近など、気象の影響で起こるものを「気象潮」といいます。このふたつが合わさると、潮位《ちょうい》が高くなるおそれがあります。ちょうど大潮の時期に、勢力の強い台風が襲ってくると、高潮の危険性も高くなります。

『急に潮が満ちるときは雨が降る』

潮位が急上昇すれば、台風接近の合図といえます。台風が近づくときには、つぎのふたつの効果により、潮位が上昇します。

吸い上げ効果と吹き寄せ効果

吸い上げ効果

台風や低気圧の中心では気圧が周辺より低いため、気圧の高い周辺の空気は海水を押し下げ、中心付近の空気が海水を吸い上げるように作用する結果、海面が上昇する(下図のA部分)

吹き寄せ効果

台風や低気圧に伴う強い風が沖から海岸に向かって吹くと、海水は海岸に吹き寄せられ、海岸付近の海面が上昇する(下図のB部分)

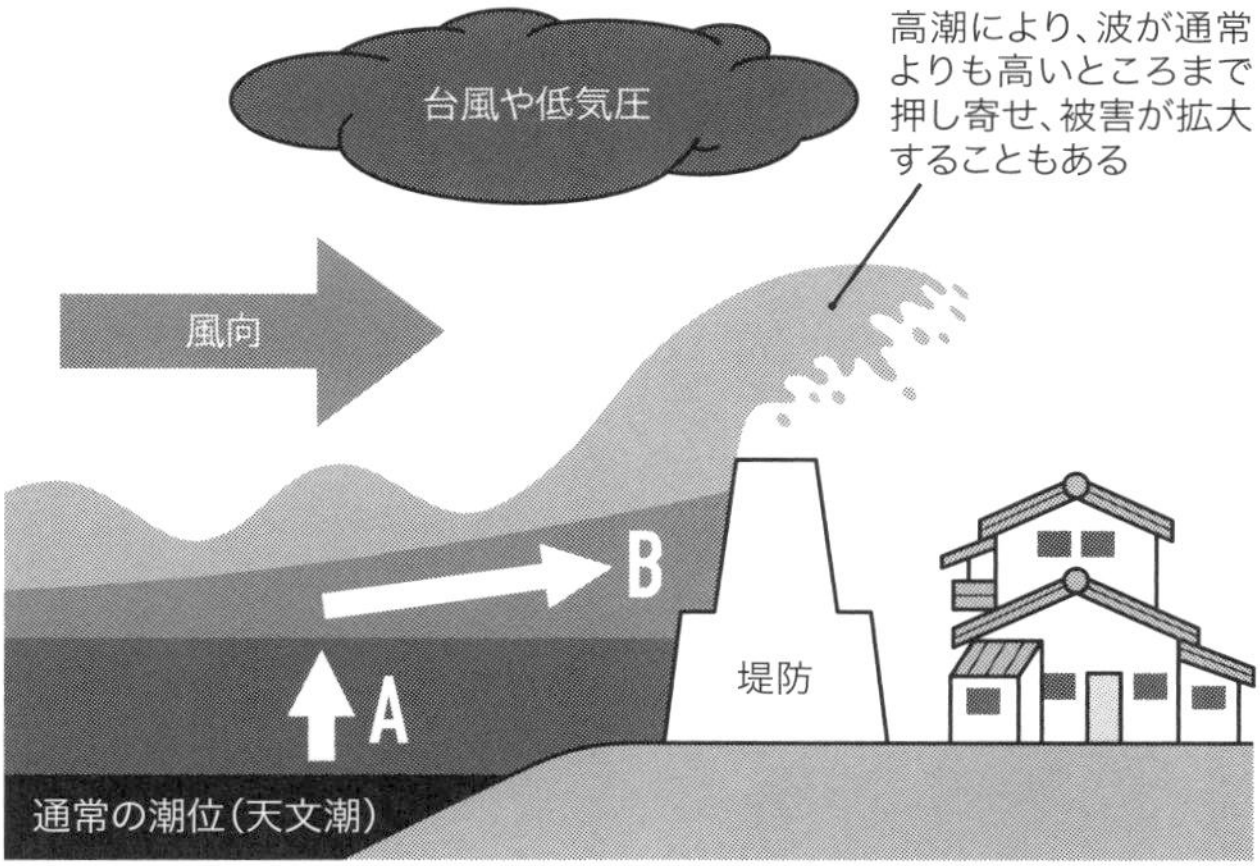

高潮により、波が通常よりも高いところまで押し寄せ、被害が拡大することもある
台風や低気圧
風向
B
A
堤防
通常の潮位(天文潮)

※気象庁ホームページを参考に作成

ひとつめは「吸い上げ効果」(イラスト内A)です。気圧が1ヘクトパスカル下がると、海面は1センチメートル上がるとされています。台風が来る前までは1000ヘクトパスカルのところに、950ヘクトパスカルの台風が近づけば、海面は50センチも上がることになります。

ふたつめは「吹き寄せ効果」(イラスト内B)です。台風の接近にともない、沖から海岸に向かって風が強まると、海水が海岸に吹き寄せられます。潮位の上昇率は風速の2倍に比例するため、風速が2倍になれば、海面は4倍に上昇します。

とくに、V字形の地形をしている湾などでは、吹き寄せの効果が大きくなります。これまでにも東京湾や伊勢湾、有明海《ありあけかい》など南に開いた遠浅《とおあさ》の湾で、高潮が多く発生しています。

昭和34年（１９５９）９月の伊勢湾台風も、このふたつの効果により、未曾有《みぞう》の高潮被害に見舞われました。伊勢湾台風の上陸時の気圧は９２９ヘクトパスカルを記録しました。

愛知県や三重県では、高潮により広い範囲が浸水し、V字形の地形になっている伊勢湾ではとくに被害が大きくなりました。両県の死者・行方不明者は、合わせて４５００人超。このうち、名古屋市だけで１９０９人に上りました。

ここまで多くの犠牲者が出たのは、台風の勢力が強かったほかにも、さまざまな理由があります。

ひとつは、土地が低かったこと。名古屋市やその周辺の地域は、海抜ゼロメートル地帯です。江戸時代から明治時代のはじめにかけて、それまでは海だった土地を干拓《かんたく》してできた土地だったためです。

また、当時、急速に工業化が進んだため、地下水の汲《く》み上げによって地盤も沈下していました。伊勢湾台風により浸水した地域では、完全に排水できるまで3か月以上かかった場所もあったぐらいです。

さらには、名古屋港の貯木場《ちょぼくじょう》から大量の木材が流れ出し、街を襲ったことも、被害を拡大させました。当時の名古屋港では、原木を輸入したり、木材を使った製品を輸出したりと、多くの量の木材を取り扱っており、その木材1本の重さは数トンになるものもあります。流れ出した約20万トンの木材は、高潮とともに人々や家を襲い、当時の新聞で〝集団殺人犯〟ともいわれました。

この災害をきっかけに、2年後の昭和36年（1961）に「災害対策基本法」が制定されることになりました。

過去の災害の経験を、未来の防災に生かしていかなければなりません。

台風が生まれる地

日本に大きな影響を与える台風は、マリアナ諸島で発生するものが多いという特徴があります。マリアナ諸島は海面水温が年中高いため、台風の発生が多く、発達しやすい理由のひとつといえます。

伊勢湾台風も、昭和34年9月にマリアナ諸島の東の海上で発生し、猛烈に発達。中心気圧は、1日で91ヘクトパスカルも下がりました。

平成28年（2016）までの30年間に発生した台風は782個。そのうち、猛烈な強さにまで発達した台風は58個です。全体の約7パーセントが、猛烈な強さの台風になっています。

その猛烈な台風が発生した場所でもっとも多かったのが、マリアナ諸島の南西側の海域です。平成28年9月に発生した台風17号も、マリアナ諸島で発生しています。本州には近づかなかったものの、沖縄の南の海上を通ったあと、台湾、中国大陸へと進み、大きな爪痕《つめあと》を残しました。

与那国島《よなぐにじま》では、9月28日に52・8メートルの最大瞬間風速を観測しています。台風は同日に台湾に上陸したあと、翌日には中国へ進み、死者を出しました。台風が〝マリアナ諸島出身〟であるなら、より注意が必要です。

＊

台風の接近を、音で感じることもできます。

『海鳴りが聞こえると暴風雨が来る』

台風が近づいているときは、たとえ遠方にあっても、まず海から影響が出はじめます。海水浴に行ったときに、青空が広がっていて風も弱いのに、海は荒れていたという経験が、誰しもあることでしょう。

台風が日本からはるか遠い海上にあっても、「うねり」は押し寄せてきます。多くの場合、台風が上陸する2～3日前から、うねりが到達するようになり、台風が通り過ぎてもしばらくは影響が残ります。台風の大きさや強さにもよりますが、台風が1500キロメートル以上離れていても、うねりは届くといわれています。

うねりがやってくる目安は、天気図に台風が現れたときです。テレビの天気予報で通常目にする天気図の範囲は、だいたい北緯20度以上です。その辺《あた》りまで台風が北上すると、日本にもうねりがやってきます。

うねりの速さは、ふつうは時速50キロメートルほどで、時には100キロにもなります。時速100キロというと、高速道路を走る自動車ぐらいのスピードですから、一気にのまれるおそれがあります。台風が離れているからといって、どんなに穏《おだ》やかな天気だからといって、油断はできません。

平成21年（2009）9月にも、台風による「うねり」が引き起こした悲惨な事故が発生しています。

９月19日、台風14号が父島《ちちじま》近海を北上していました。一方、本州付近は高気圧に覆《おお》われて、晴れているところが多く、風もそれほど強くは吹いていませんでした。このように、台風は本州からは遠い場所でしたが、本州の太平洋側にもうねりが入り、静岡県で海水浴をしていた２人が高波にさらわれ、行方不明になりました。

　このうねりが原因で発生するのが、〝海鳴り〟です。「ドドーン」「ゴーゴー」などと、雷のような大きな音が海岸で聞こえることがあります。台風のうねりが海岸で崩れるときに、空気を巻き込んで発する音です。

『晴天時に海鳴りが聞こえると天候急変の兆《きざ》し』ともいわれ、海鳴りは台風が接近するサインになります。

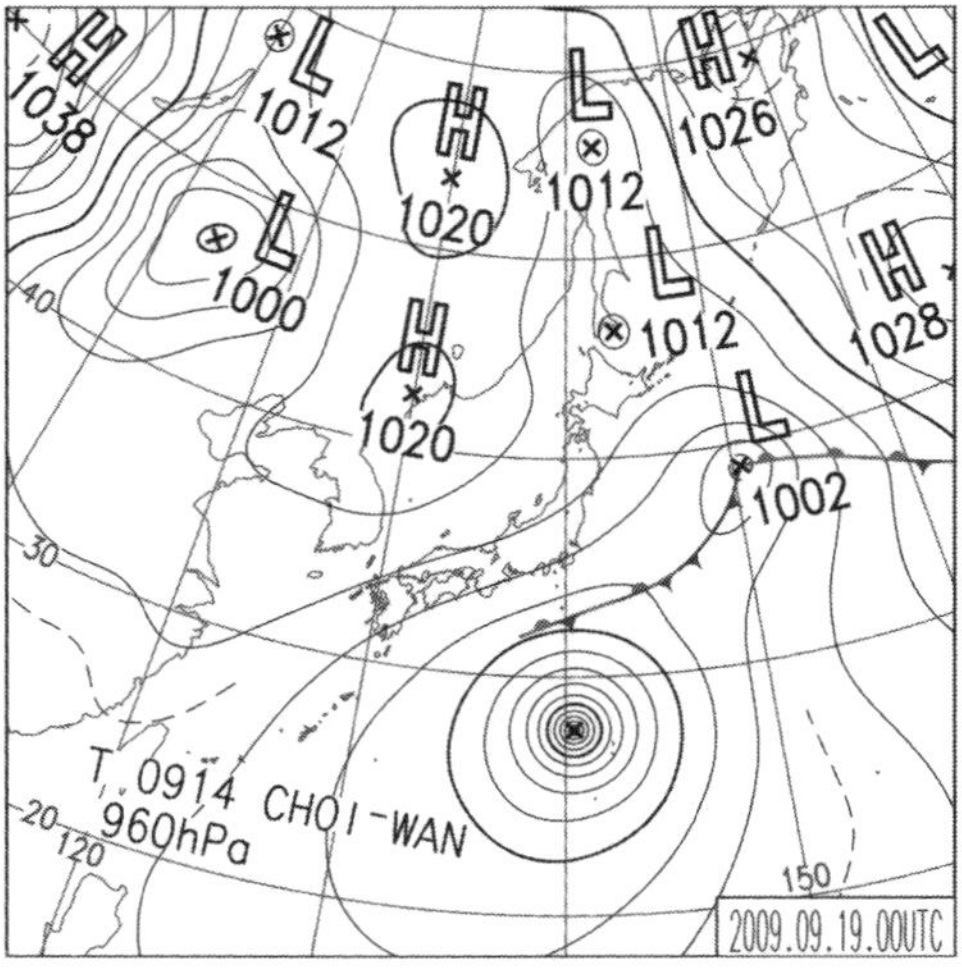

平成21年9月19日9時の天気図

（原典：気象庁「天気図」、加工：国立情報学研究所「デジタル台風」）

＊

台風は、季節によって進むスピードが異なります。夏の台風は、比較的ゆっくりとしたスピードで日本列島に近づいてくることが多くなります。

台風は、みずから動くことができません。上空の風に乗って動きますが、夏は台風を動かす風がまだ弱いために、動きが遅いものや、来た道を戻るものなど、速度も進路も不安定で複雑な動きをすることもあります。

台風の風は、真上から見ると「反時計回り」に吹き込んでいます。台風が西からやってくる場合は、南東〜東の風が、南から近づいてくるときは、東〜北の風が吹きます。そして、台風が近づく前は、東寄りの風が吹くことが多くなります。

『夏の東風が二、三日続いたら台風』

夏の場合は、台風の動きが遅いため、台風が近づく前から、何日も東寄りの風が吹きます。そして、台風の接近にともない、風の強さは増していきます。東寄りの風が長く続き、しだいに強まってきたら、台風が近づいているサインだと昔の人は感じていました。

台風がいよいよ接近、上陸となると、強風域や暴風域に入るおそれがあります。強風域は風速15メートル以上、暴風域は風速25メートル以上の範囲です。

風速15メートル以上の風は、気象庁で「強い風」と定められています。風に向かって歩けな

風の強さと吹き方

風の強さ（予報用語）	平均風速（m/s）	おおよその時速	速さの目安	人への影響	屋外・樹木の様子	走行中の車	建造物	おおよその瞬間風速（m/s）
やや強い風	10以上15未満	～50km	一般道路の自動車	風に向かって歩きにくくなる。傘がさせない。	樹木全体が揺れ始める。電線が揺れ始める。	道路の吹流しの角度が水平になり、高速運転中では横風に流される感覚を受ける。	樋（とい）が揺れ始める。	20
強い風	15以上20未満	～70km	高速道路の自動車	風に向かって歩けなくなり、転倒する人も出る。高所での作業はきわめて危険。	電線が鳴り始める。看板やトタン板が外れ始める。	高速運転中では、横風に流される感覚が大きくなる。	屋根瓦・屋根葺材がはがれるものがある。雨戸やシャッターが揺れる。	30
非常に強い風	20以上25未満	～90km		何かにつかまっていないと立っていられない。飛来物によって負傷するおそれがある。	細い木の幹が折れたり、根の張っていない木が倒れ始める。看板が落下・飛散する。道路標識が傾く。	通常の速度で運転するのが困難になる。	屋根瓦・屋根葺材が飛散するものがある。固定されていないプレハブ小屋が移動、転倒する。ビニールハウスのフィルム（被覆材）が広範囲に破れる。	
	25以上30未満	～110km						40
猛烈な風	30以上35未満	～125km	特急電車	屋外での行動は極めて危険。		走行中のトラックが横転する。	固定の不十分な金属屋根の葺材がめくれる。養生の不十分な仮設足場が崩落する。	50
	35以上40未満	～140km			多くの樹木が倒れる。電柱や街灯で倒れるものがある。ブロック壁で倒壊するものがある。		外装材が広範囲にわたって飛散し、下地材が露出するものがある。	60
	40以上	140km～					住家で倒壊するものがある。鉄骨構造物で変形するものがある。	

※気象庁ホームページを参考に作成

くなり、転倒するおそれがあります。屋根瓦《がわら》がはがれるほどの強さです。風速20メートル以上は「非常に強い風」です。何かにつかまらないと立っていられないくらいで、看板が落下したり、飛んできたりするほど。飛来物《ひらいぶつ》によって、けがをするおそれもあります。

さらに、風速30メートル以上は「猛烈な風」と呼ばれます。猛烈な風が吹いているときは、外に出ないでください。樹木や電柱、街灯が倒れたり、走行中のトラックが横転したりするような恐ろしい吹き方をします。

夏の台風は影響が長く続くおそれがあり、警戒が必要です。

台風の威力を侮《あなど》ってはいけない

秋の台風は、夏の台風よりスピードが速いのが特徴です。

『韋駄天台風《いだてんたいふう》』

非常に速いスピードで進む台風のことを「韋駄天台風」と呼びます。韋駄天とは「よく走る神」として知られており、〝韋駄天走り〟というと「速く走ること」の意味です。

足の速い台風というと思い浮かぶのが、洞爺丸《とうやまる》台風とリンゴ台風です。このふたつの台風は、コースもスピードも非常に似ています。

はじめに九州に上陸したあと、日本海を猛スピードで駆け抜け、北海道まで一気に北上。そのスピードは、時速１００キロ以上に達し、高速道路を走る自動車なみでした。また、どちらも９月下旬に日本に上陸した台風です。

洞爺丸台風は、昭和29年（１９５４）９月の台風15号です。26日に鹿児島県大隅《おおすみ》半島に上陸し、九州を縦断、その後、中国地方を時速１００キロで通り、日本海へ出ました。日本海に出ると、さらにスピードを速め、時速１１０キロで北上し、北海道の稚内《わっかない》市付近に達しました。スピードの速い台風は、勢力が衰《おとろ》えないまま進むという特徴があります。

通常の台風は、北海道まで北上するころには発達のピークを過ぎるものですが、この台風が最盛期を迎えたのは、北海道の西岸に達したときです。北海道渡島《おしま》半島の寿都町《すっつちょう》では、26日に最大瞬間風速53・２メートルを記録しています。暴風による被害が大きく、なかでも青函連絡船・洞爺丸の転覆《てんぷく》事故は、乗員乗客の約９割にあたる１１５５人が犠牲になり、日本の海難史上、最悪の事故になりました。

一方、リンゴ台風は、平成３年（１９９１）９月の台風19号です。この台風も、日本海を時

昭和29年台風15号の経路図

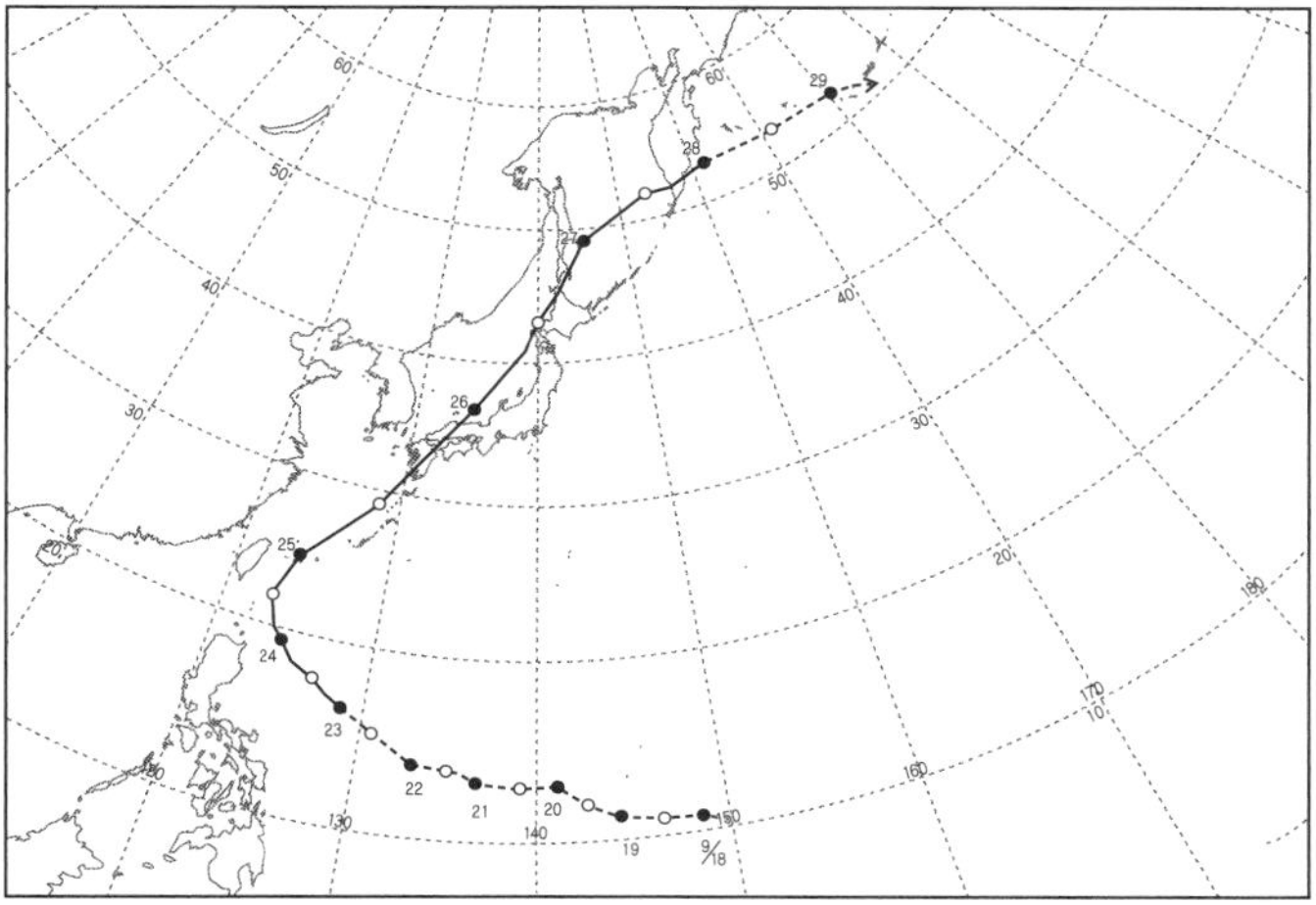

平成3年台風19号の経路図

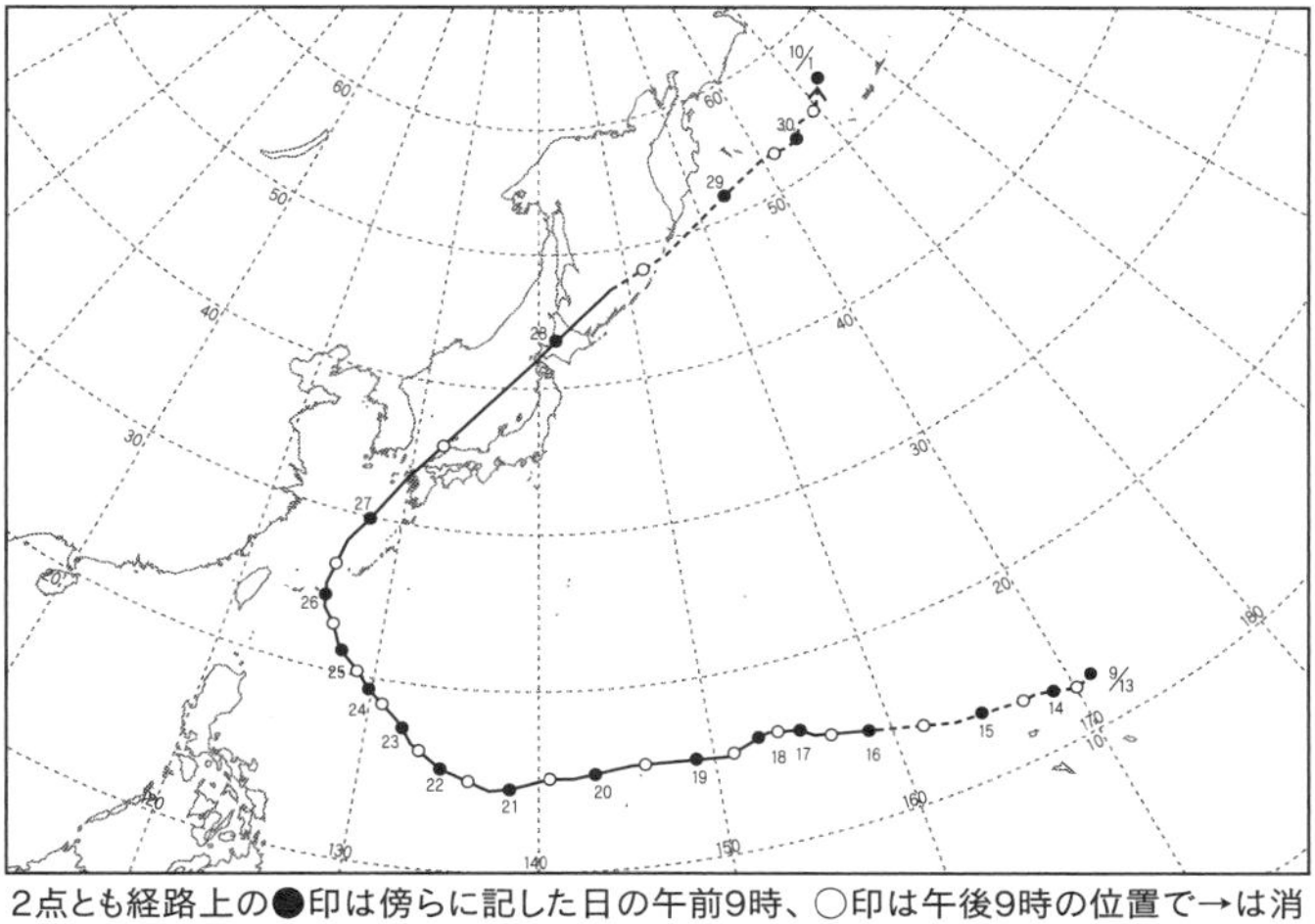

2点とも経路上の●印は傍らに記した日の午前9時、○印は午後9時の位置で→は消滅を示す。経路の実線は台風、破線は熱帯低気圧・温帯低気圧の期間を示す

※2点とも気象庁ホームページを参考に作成

速100キロで進みました。広い範囲で暴風に見舞われ、青森県では収穫前の多くのリンゴが落下したため、「リンゴ台風」の名で呼ばれています。

このように、足の速い台風は、暴風のおそれがある〝風台風《かぜたいふう》〟になります。

＊

台風の進路予想を見るとき、ある点に注目すると、大風の危険を知ることができます。台風の進路が、自分のいる場所の西側なのか、東側なのかを確認するのです。

『台風が日立《ひたち》の西側を通ったら南東の大風』

これは茨城県日立市の言い伝えです。台風が日立市より西側を北上したときには、大風が吹きやすくなります。また、日立市は太平洋沿岸の地域であり、海上から強い風が吹き込むため、こういわれています。

通常、台風は進行方向に向かって右側で風が強まります。右側は「危険半円」とも呼ばれます。台風は反時計回りに風が吹いているので、進行方向に向かって右側では、台風自体の風と台風を動かす風が同じ方向へ吹くことになります。そのため、風が強まるのです。

観測史上、日本でもっとも風が強く吹いた場所は、富士山を除くと、高知県室戸岬《むろとみさき》です。昭和40年（1965）、台風23号のときの記録で、最大風速69・8メートルという猛烈な風が吹

台風の風の特性

進行方向
台風の眼
吹き込む風と
進行方向が一致して
風が強まる

きました。これは、鉄骨の構造物であっても変形してしまうような恐ろしい強さです。

この台風は、室戸岬よりも西に位置する安《あ》芸《き》市に上陸したため、室戸岬で記録的な暴風となったのです。

＊

台風の眼に入ると、いったん風が弱まります。青空が広がり、時には鳥が飛んでいることもあるようです。

台風の中心部分は下降気流になっているので、ぽっかりと雲のない領域になります。お風呂の浴そうの栓を抜いたときに水が渦《うず》を巻きますが、真ん中だけ水がないのと同じ理屈です。

台風の場合、大量の湿った空気が勢いよく

渦を巻いて雲をつくり、中心部分は遠心力により雲がなくなります。

しかし、台風の眼のなかに入っているのは、ほんの一瞬です。その穏やかさに騙《だま》されないでください。

台風の眼の周りは、台風の構造のなかで、もっとも風が強い場所です。背の高い積乱雲《せきらんうん》の壁があり、高さ15〜16キロくらいの〝眼の壁〟ができます。そこでは、猛烈な暴風雨になっています。

『台風にはお返しがある』

台風の眼が通り過ぎたあとは、かならず〝お返し〟があります。暴風と大雨のお返しです。ふたたび風と雨が急に強まり、風向きが台風の眼に入る前と正反対になるのが特徴です。

たとえば、自分のいるところより南から台風が来た場合、台風の眼が近づく前は、東寄りの風が吹きます。

台風の眼のなかに入ると、いったん風は弱まり、その後、台風の眼が通り過ぎたあとは、真逆の西寄りの風が急激に強まります。

台風の眼が小さければ小さいほど、台風が発達している証拠です。発達の程度は、気象衛星の画像で確認できます。針で刺したような鋭《するど》い瞳をした台風は、最盛期に達しています。その

〝眼の壁〟が近づくと、風や雨が急激に強まるので、ご用心ください。

台風は、温帯低気圧や熱帯低気圧に変わっても、強い風が吹いたり、雨が強く降ったりすることがあります。

＊

『腐ってもタイ風』

これは気象業界のことわざです。低気圧に変わったからといって、油断できない場合もあります。温帯低気圧に変わっても、勢力が弱まったわけではありません。単に発達するしくみが変わっただけです。

台風は、暖かい海面から水蒸気を供給して発達します。しかし、北から寒気《かんき》が入ると、寒気と暖気《だんき》がぶつかり、温帯低気圧へと変わります。すると、低気圧の中心付近では風のピークが過ぎますが、強い風が吹く範囲はむしろ広がります。低気圧の中心から離れたところでも、風が強まるので注意が必要です。

平成16年（2004）9月の台風18号も、その一例です。台風18号は、9月7日昼前に長崎市に上陸。その後、日本海で加速しながら、北海道に近づきました。

8日9時に、北海道の西の海上で温帯低気圧に変わりましたが、低気圧に変わってからふたたび発達し、札幌市では観測史上もっとも強い、50・2メートルの最大瞬間風速が観測されました。

この記録的な風が吹いたのは、温帯低気圧に変わったあとの8日11時です。また、オホーツク海側の雄武町《おうむちょう》でも、同日の14時に最大瞬間風速51・5メートルの暴風が吹きました。

この暴風により、風にあおられて転倒したり、倒れた木の下敷きになるなどして、北海道で多くの人が亡くなっています。

また、台風から熱帯低気圧へと変わったときも、温帯低気圧と同様、中心付近の風は弱くなるものの、大雨のおそれは引き続き残っています。

熱帯低気圧のうち、風速約17メートル以上のものを「台風」と呼びますが、台風が熱帯低気圧に変わっても、やはりその性質自体が変わることはありません。熱帯低気圧は、暖かく湿《しめ》った空気を運んでくるので、依然として活発な雨雲が発達しやすい状況が続くことになります。

このように、台風が温帯低気圧や熱帯低気圧に変わったあと、油断をしていると、思わぬ大雨や暴風に襲われることがあるので、注意が必要です。

局地的な大雨は、雲で予見できる

夏になると、見た目がモコモコした、綿《わた》菓子のような雲が現れます。

『綿菓子のような雲が出ると荒れ模様』

綿菓子のような雲というのは、「積雲《せきうん》」や「積乱雲」など、上昇気流によって垂直方向に成長する雲です。見た目がモコモコしています。

小さな積雲から、雄大積雲、積乱雲へと発達します。高さは数十メートルから1万メートル（10キロ）以上までさまざまです。大きく、高いほど成長しています。縁日では甘い綿菓子に引き寄せられるかもしれませんが、〝雲の綿菓子〟は危険です。

積乱雲が限界の高さまで発達すると、雲頂《うんちょう》部が崩れはじめます。雲頂部の高さは、1万メートルを軽く超えることもあります。

雲頂部が対流圏《たいりゅうけん》と成層圏《せいそうけん》の境目まで達すると、平たくなります。そこは見えない天井のようになっているため、天井にぶつかって水平に広がるようになります。

天井まで達した積乱雲は、非常に危険な雲です。この雲の下では、激しい雨や雷、突風、ひようのおそれがあります。

遠くに見える積乱雲は、青空に映《は》える真っ白な雲ですが、近くにやってくると、背が高いので日差しを遮《さえぎ》り、日中であっても暗くなります。

辺《あた》りが暗くなったら、いつ激しい雷雨や突風といった現象が起こってもおかしくない状況です。

しかし、その激しい現象は、比較的短い時間で終わります。せいぜい30分から1時間程度と、低気圧による雨や雷ほど長くはありません。

急な雷雨や突風に遭遇したら、積乱雲が通り過ぎるまで、近くの頑丈《がんじょう》な建物に入り、身の安全を確保してください。

もくもくと成長した積乱雲（提供：武田康男）

積乱雲がやってくる方向にも注目してください。北西の方向に積乱雲が現れたら、自分のいる場所でも、激しい雨や雷、突風、ひょうなどが起こる危険性が高いといえます。

＊

『乾《いぬい》のほうに黒雲起これば、大夕立か雹《ひょう》』

このことわざは、関東など、北側に山がある地域に伝わります。「乾」とは、北西のことです。夏は南から太平洋高気圧に覆われるため、南寄りの風が吹くことが多くなります。この南寄りの暖かく湿った風が、南を向いている山の斜面にぶつかると、上昇気流が発生します。関東では、平野部から見ると、高い山があるのは北側や西側です。夏の積乱雲は、まず北部や西部の山沿いで発生することが多く、その雲が平野部にも流れ込んでくるケースが多く見られます。

積乱雲は、強い上昇気流によって、空高くまで成長します。上空には「偏西風《へんせいふう》」という強い西風が吹いているので、積乱雲はこの風に流され、東または南東に移動していくことが多くなります。このため、「北西の方向に現れる積乱雲に気をつけろ」といわれているのです。

『電光北西方は雨降る』も、同様の意味のことわざです。北西方向で雷が光ると、自分のいるところでも、すぐに雨が激しく降ったり、雷が落ちたりしてもおかしくない状況になります。

とくに夏場は、北西の方向に現れる空の変化を見逃《みのが》さないでください。

積乱雲が発達したときには、ひょうにも警戒が必要です。

＊

『入道雲《にゅうどうぐも》が出ると、ひょうが降る』

入道雲とは、積乱雲のことです。

かつて、埼玉県で〝かぼちゃ〟ぐらいの巨大なひょうが降ったという記録が残っています。大正6年（1917）6月29日、埼玉県北部で「かぼちゃ大のひょう、直径30センチ近いもの、重さが3000グラムを超えるひょうが降った」と、当時の気象要覧に記載されています。

巨大なひょうは、屋根や雨戸を突き破りました。また、強風によって工場の屋根が吹き飛ばされたり、落雷で亡くなった人もいました。この被害からして、大気の状態が非常に不安定だったと推測できます。

埼玉県の長井村《ながいむら》（現：熊谷市《くまがや》）では、降ってきたひょうを測《はか》ったら、直径29・5センチもあったそうです。中條村《ちゅうじょうむら》（現：熊谷市）でも、かぼちゃぐらいの大きさのひょうが降り、それをはかりにかけたら3400グラムもの重さだった、という証言が残っています。同日、熊谷測候所（現：熊谷地方気象台）でも、鶏卵《けいらん》大のひょうを観測したという記録があります。

ひょうの落下速度は、野球ボールぐらいの大きさ（直径70ミリ）で、プロ野球のピッチャーの球速（時速140キロぐらい）に達します。当たりどころが悪ければ、ケガだけでは済みません。

1年でもっとも「ひょう」が多い季節は、初夏です。テレビやラジオの天気予報で、「大気の状態が不安定」という言葉を耳にしたときは、降ひょうにも注意してください。

＊

群馬県にも、雷雨のことわざがあります。

『浅間山《あさまやま》に雷雲が出たら、稲を三把《さんわ》刈らぬうちに雷が来る』

群馬県と隣の長野県にまたがる浅間山に雷雲が発生したら、稲を三把刈るあいだに、平野部にもあっというまに雷雲がやってくるという意味です。

関東の山沿いの雷雨には、こんな呼び名があります。「三束雨《さんぞくあめ》」や「三杯雷」。雷の音がしてから、稲や麦を3つ束《たば》ねているうちに、ご飯を3杯食べるうちに、雷雲がやってくるという意味で使われます。つまり、雷の音が聞こえたら、すぐに身の安全を守る必要があるということです。

雷雲のスピードは、時速10キロから20キロといわれています。時速20キロというと、全速力で走るくらいのスピードです。たとえば、自分のいる町から10キロ離れた隣町に雷雲があったとしても、足の速い雲であれば、30分で近づいてくることになります。

雷の音が聞こえたとき、雷が光ったときは、それが少し遠いと感じても、雷雲はあっというまに近くまでやってくるのです。

＊

肌で感じられる雷雨のサインもあります。夏の厳しい暑さの日、急にヒンヤリとした涼しい風が吹いてくることがあります。心地よく感じられるかもしれませんが、それは積乱雲が近づいている証拠です。

『夏は積乱雲から涼風が来る』

真夏は、太平洋側の地域で雷が多く発生しますが、なかでも、関東の内陸《ないりく》では雷が多く、栃木県宇都宮市は〝雷都《らいと》〟とも呼ばれるくらいです。

宇都宮市における、平年の8月の雷日数は6・4日。5日に1度は、雷が発生することになります。また、4月から9月にかけての暖候期《だんこうき》の雷日数は、22・6日と、全国で一番多くなっています。

雷をもたらす積乱雲の内部には、激しい上昇気流があります。雲の粒《つぶ》（水滴）は上昇すると冷やされて、氷の粒になります。その粒は重たくなると落下しますが、ふたたび上昇気流に乗

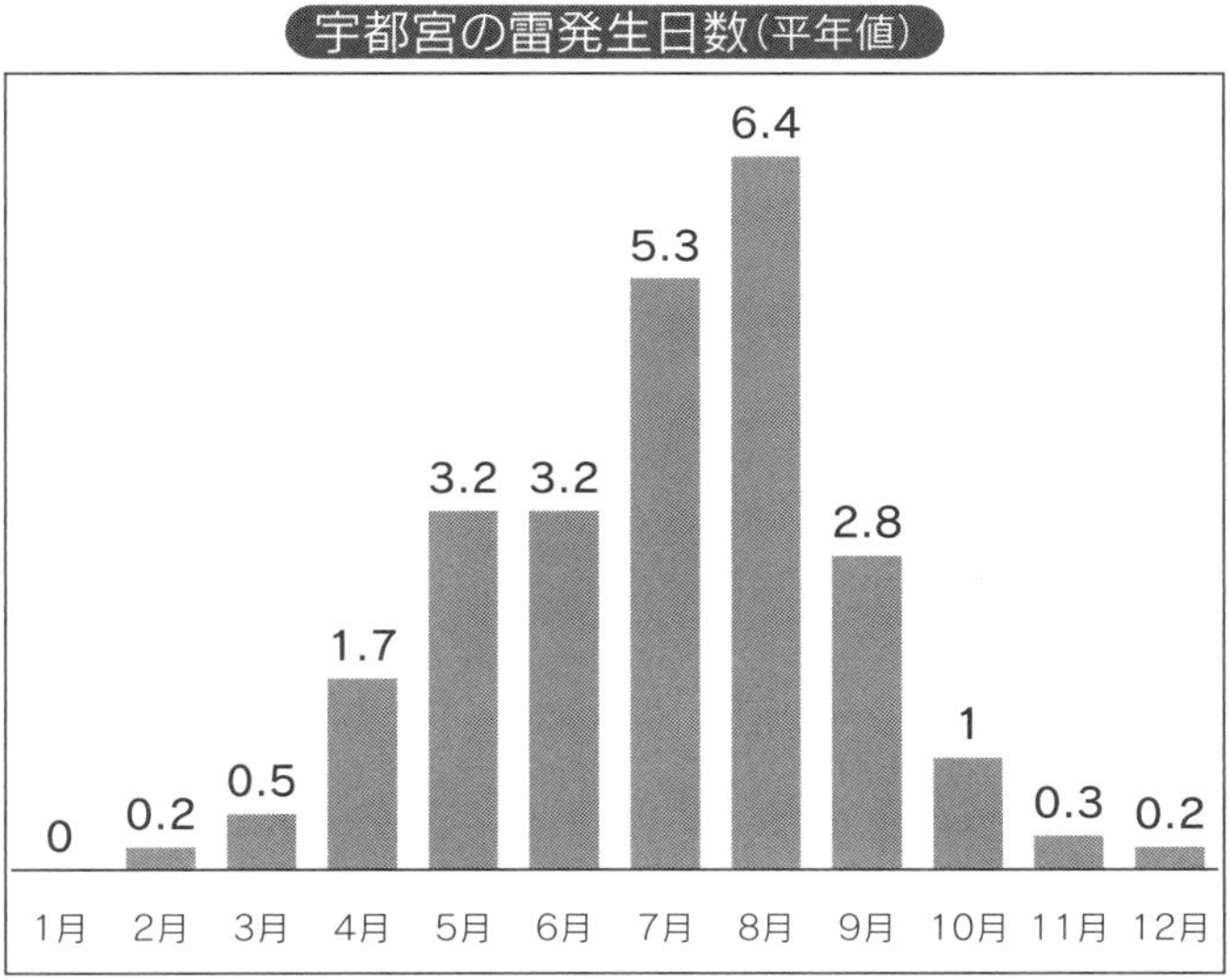

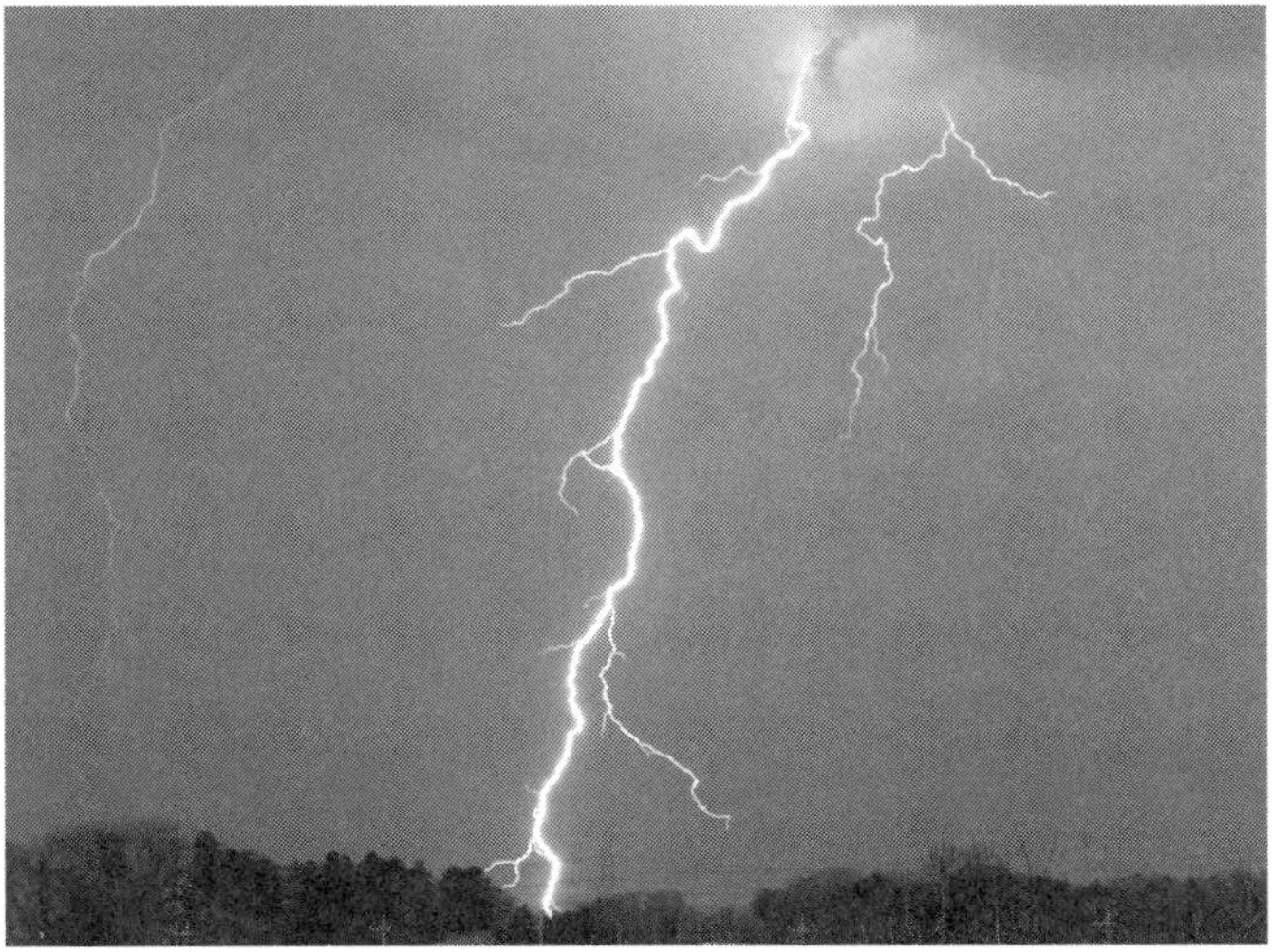

落雷の瞬間(提供：武田康男)

積乱雲の構造

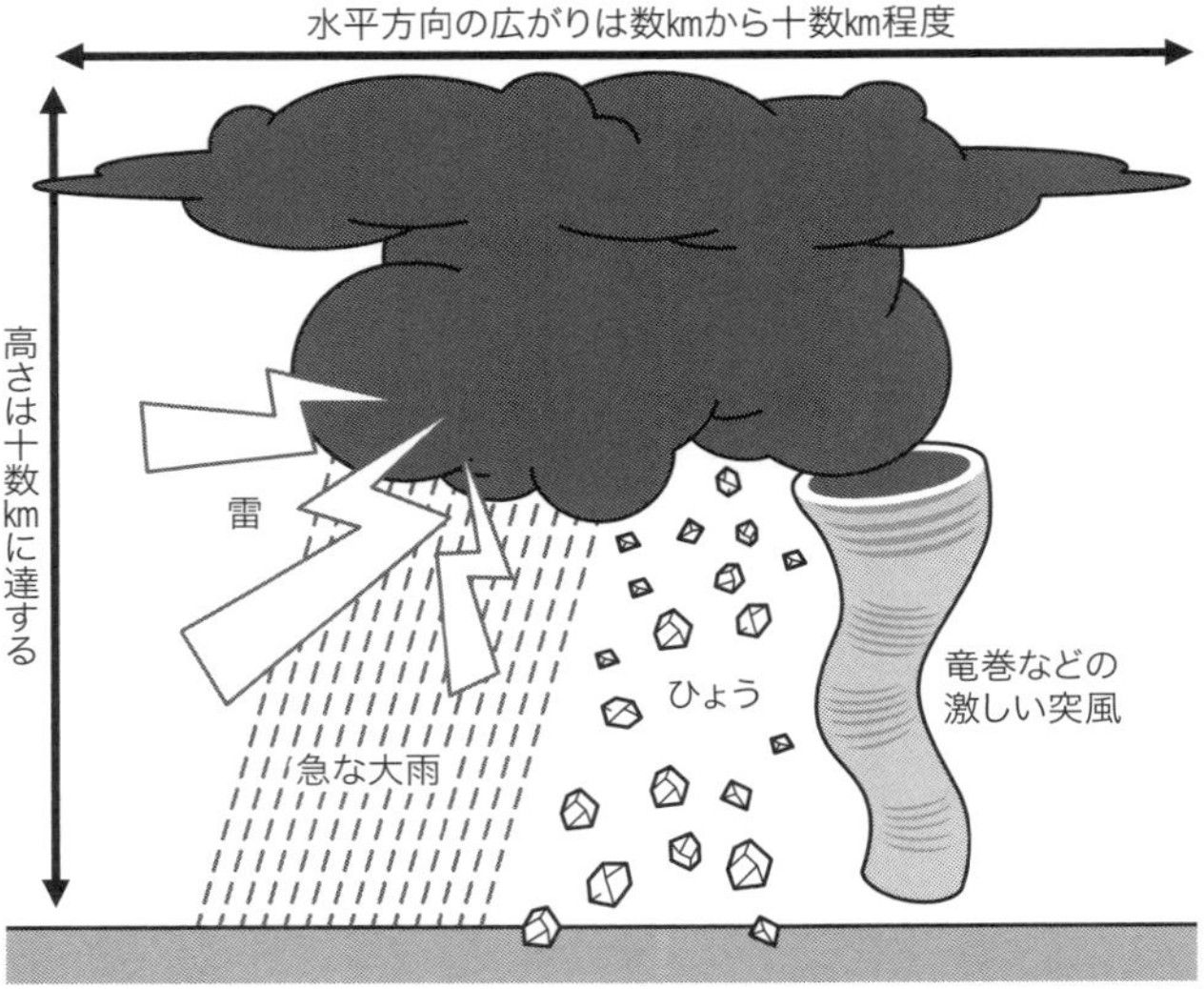

※気象庁ホームページを参考に作成

り、だんだんと大きな氷の粒に成長します。上昇と下降を何度もくり返すうちに、雪だるまのように大きくなっていきます。

そして、上昇できないぐらい大きく重たくなったときに、大きな雨粒やひょう、あられとして降ってきます。

このとき、一緒に冷たい風が降りてきて、地表を吹き抜けます。これが雷雨の前兆です。たとえ、自分のいる場所の上空はよく晴れていても、遠くに積乱雲があるはずです。

＊

『夕立雨は、馬の背を分ける』

この言葉は「夏の夕立は、馬の背の半

分は雨に濡《ぬ》れても、もう半分は雨に当たらないぐらい局地的だ」というたとえです。『**夏の雨は牛の片方には降らない**』も同様の意味のことわざです。

積乱雲の大きさは、水平方向に数キロから十数キロ程度。大きくても十数キロですから、たとえば、東京の渋谷区では雨が降っていなくても、隣の新宿区ではザーザー降りの雨になる、ということがあります。

自分のいる場所で雨が降っていないのに、隣町で局地的に雨が強まっているときは十分に注意してください。隣町に大雨を降らせた積乱雲が、自分の町を襲うかもしれません。

近くの山に積乱雲があるときも、注意が必要です。山で降った大雨が川を流れて、下流でも急に増水するおそれがあります。積乱雲が発達して短い時間に大雨になれば、大きな川でも一気に増水することがあります。

平成20年（2008）7月18日、東京都や神奈川県、山梨県を流れる多摩川《たまがわ》では、大雨により水位が上昇し、神奈川県川崎市で釣りをしていた人が川の中州《なかす》に取り残されました。この辺りでは、40分間で30センチも水位が上がったそうです。

その30分前に、現場から約15キロ上流の東京都府中《ふちゅう》市で、1時間に38ミリという激しい雨が降っていました。そのために急激に増水したのです。

ふだんは歩いて渡れるような中州でも、増水したり、流れが速くなったりすると、逃げられなくなることがあります。十分に気をつけてください。

この雲は、何を警告しているか

発達した低気圧や台風が近づいているとき、水蒸気を多く含んだ空気が山の斜面を駆け昇り、濃い黒っぽい雲が発生します。

このようなときは、暴風雨が近いといわれています。

『山に黒雲かかれば暴風雨』

台風が接近すると、非常に暖かく湿った空気が日本列島に流れ込みます。台風が強ければ強いほど風が強くなるので、暖かく湿った空気も日本列島に激しく流れ込み、雨雲が発達しやすくなるのです。

台風がまだ日本列島から遠い場所にあっても、雨雲を発達させる暖かく湿った空気は流れ込みます。台風が近づく前から大雨になり、さらに台風が近づくと、台風本体の雨雲がかかり、大雨が長く続くことがあります。

平成19年（２００７）７月は、台風４号と梅雨《ばいう》前線により、日本列島は長い期間、大雨に見舞われました。

２日から17日にかけて、梅雨前線の活動が活発になり、13日から16日までは台風の影響もあって、沖縄から東北の広い範囲で記録的な大雨になりました。沖縄に台風が接近した13日は、本州付近の梅雨前線の活動がより活発になり、宮崎県日向《ひゅうが》市では、24時間雨量が４００ミリ近くに達しました。台風の周辺から吹く暖かく湿った風が、宮崎県などの南東を向いた山にぶつかり、雨雲が発達したためです。

翌14日、台風が鹿児島県大隅半島に上陸すると、今度は台風本体の活発な雨雲がかかり、西日本や東日本の太平洋側で大雨に。増水した川に転落するなどして、西日本を中心に６人が亡くなりました。

このように、台風が運んでくる熱帯の空気

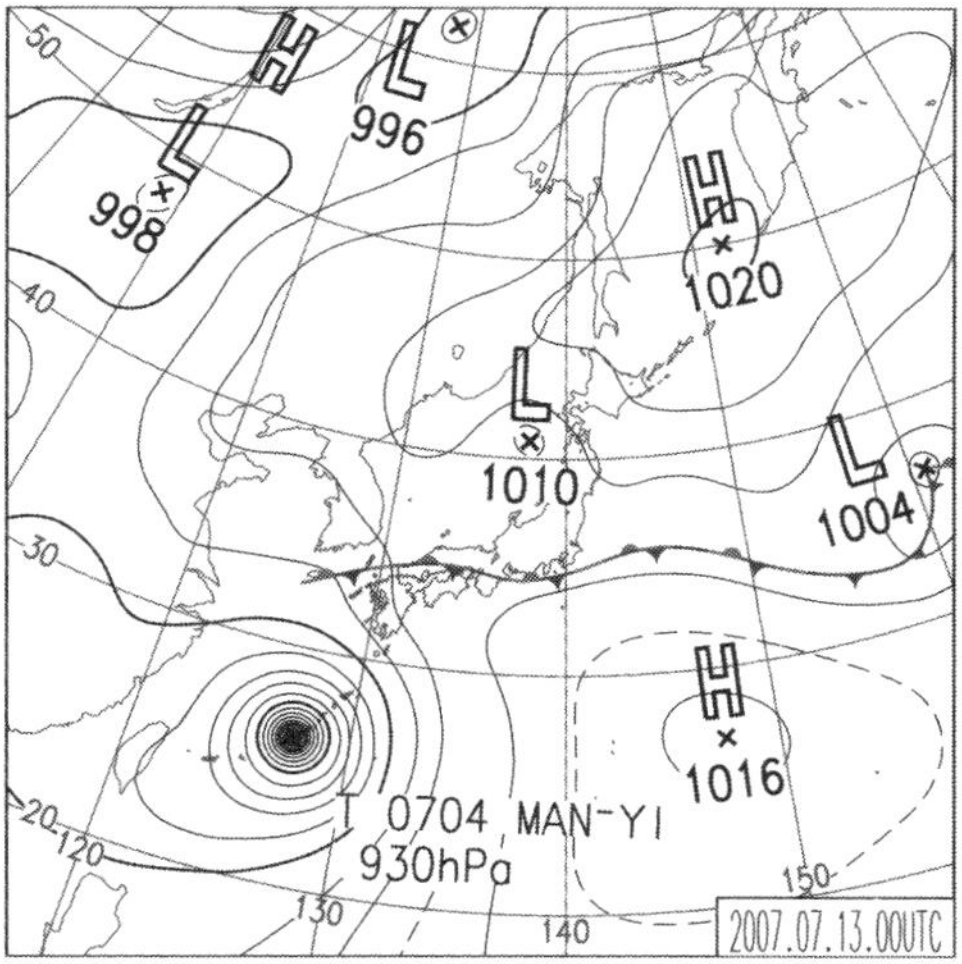

平成19年7月13日9時の天気図

（原典：気象庁「天気図」、加工：国立情報学研究所「デジタル台風」）

は、大雨の原因になります。

＊

秋晴れの日、青空の高いところに、白いペンキを刷毛《はけ》でスーッとのばしたような白いすじ状の雲が見られることがあります。こんな雲にも注目してください。

これは「巻雲《けんうん》」といい、秋によく見られる雲です。上空5～13キロの高さに現れ、空のもっとも高いところにできる雲です。秋は、空の天井に雲が浮かぶことが多いので、空が高く見えます。

『白雲糸を引けば暴風雨』

この巻雲が糸を引いたように見えるときは、上空の風が強くなっていて、その風に雲が流されているときです。南から巻雲がやってきたら、1000キロほど遠いところに台風があるといわれています。台風や発達した低気圧が近づいてくるときには、まず、上空の風が強くなるためです。

この雲が見られるときは、まだ晴れていますが、いくつもの巻雲が並び、その後、低い雲もしだいに多くなると天気は下り坂です。

このほかにも、雲の形で天気を予知することができます。魚にかかわる名前の雲が見えたら、天気が崩れるサインです。たとえば、魚のうろこ状の「うろこ雲」や、鯖《さば》の背中の模様のような「さば雲」、いわしの群《む》れのような「いわし雲」などです。

どの雲が見えても、雨の前兆です。じつは、これらの雲はいずれも同じ種類の雲で、小さな白い雲の塊《かたまり》が群れをなしているように見える「巻積雲《けんせきうん》」というものです。低気圧が近づいているときに現れます。巻雲と同じように空の高いところにできる雲です。

積雲の名前が、魚に関係する名前が多いのは、漁師が名前を付けたからだといわれています。漁師は命をかけて漁に出るので、観天《かんてん》望気《ぼうき》のスペシャリストなのです。

＊

空の天井に浮かぶ巻雲（提供：武田康男）

一方、山に現れる雲でも、天気を予知することができます。山に強い風がぶつかると雲が発生し、山が笠《かさ》や帽子をかぶったように見えることがあります。

これを「笠雲《かさぐも》」といいます。天気や季節によってさまざまな笠をかぶるので、雲を見れば、晴れたり、雨が降ったり、風が強まったりすることを予知できます。

とくに、富士山の笠雲は遠くからでも観察することができるので、昔から観天望気の指標とされてきました。20種類もの形があるといわれています。

晴天を予知するものには、〝離れ笠〟や〝前掛け笠〟などがあります。

『富士山に離れ笠がかかれば、富士五湖地方は晴れる』

〝離れ笠〟は、富士山の頂上の上空に浮かんだ笠雲で、真冬の晴れた風の強い日に現れます。ふもとの山梨県では、この雲を〝日和笠〟と呼ぶのだそうです。この雲が出ると、快晴が続くものの、冷え込みが厳しくなるといわれています。

雨を予知する雲にもさまざまな形があり、代表的なものが〝一つ笠〟です。7〜8合目以上を覆う笠雲で、低いときには5合目あたりまで雲が垂《た》れ込めます。春から夏に、南岸低気圧がやってきたときに現れる雲です。

『富士山二階笠は大雨』

〝二階笠〟というのも雨の前兆。二蓋笠《にがい》ともいいます。一つ笠が二段に重なった雲で、日本海低気圧がやってくるとき、一年じゅう、どの季節にも現れます。

『雲が渦巻《うずま》くように動きが激しくなると、風が強い』

風が強くなる笠雲には、〝渦笠《うずかさ》〟があります。冬に北西の風が強いときに見られます。

〝レンズ笠〟という雲もあります。雨と風が強くなる笠雲です。上空で西風が強くなると、厚い凸《とつ》レンズ状の雲が発生します。春に日本海を発達した低気圧が通るときに見られ、この雲が現れると、地上でものちに風雨が強まるといわれています。

〝掻《か》い巻《ま》き笠〟と呼ばれるものもあります。

富士山の一つ笠（提供：武田康男）

搔い巻きといっても、なじみのない方が多いと思いますが、袖《そで》のついた着物状の寝具のことです。その形をした雲が、晩秋から初冬にかけての小春日和に現れると、しだいに雨や風が強くなります。

きょうの富士山は、どんな形の笠をかぶっていますか？

豪雨の兆しを見極める

雨が滝のように降ると、辺りが白っぽくなって見通せなくなったり、雨粒が地面に跳《は》ね返ってしぶきを上げて〝白い雨〟に見えることがあります。

『白い雨が降ると蛇《じゃ》抜《ぬ》けが起こる』

長野県南木曽町《なぎそまち》の言い伝えです。1時間に50ミリ以上の非常に激しい雨が「白い雨」といえます。1時間に50ミリ以上というと、傘《かさ》を差していてもまったく役に立たず、体がずぶ濡れになってしまうほどの雨です。

1時間に80ミリ以上の猛烈な雨は、息苦しくなるほどの圧迫感があり、恐怖を感じるくらいです。白い雨が長く続くようなときには「蛇抜け」、つまり、山崩れや土石流が起こる危険性

雨の強さと降り方

1時間雨量(㎜)	予報用語	人の受けるイメージ	人への影響	屋内(木造住宅を想定)	屋外の様子	車に乗っていて
10以上～20未満	やや強い雨	ザーザーと降る	地面からの跳ね返りで足元がぬれる	雨の音で話し声が良く聞き取れない	地面一面に水たまりができる	
20以上～30未満	強い雨	どしゃ降り	傘をさしていてもぬれる	寝ている人の半数くらいが雨に気がつく		ワイパーを速くしても見づらい
30以上～50未満	激しい雨	バケツをひっくり返したように降る			道路が川のようになる	高速走行時、車輪と路面の間に水膜が生じブレーキが効かなくなる(ハイドロプレーニング現象)
50以上～80未満	非常に激しい雨	滝のように降る(ゴーゴーと降り続く)	傘は全く役に立たなくなる		水しぶきであたり一面が白っぽくなり、視界が悪くなる	車の運転は危険
80以上～	猛烈な雨	息苦しくなるような圧迫感がある。恐怖を感ずる				

※気象庁ホームページを参考に作成

が高まります。最近は、1時間に100ミリ以上の記録的な大雨になることも珍しくありません。1時間に100ミリ以上というと、災害につながるような大雨です。

数年に1度程度しかないような大雨になっているときは、記録的短時間大雨情報が気象台から発表されます。平成29年7月九州北部豪雨の際は、福岡県だけで約7時間のあいだに、記録的短時間大雨情報が15回も出されました。

この情報が出されたら、土砂災害や浸水、洪水などがすでに起こっていてもおかしくない状況です。ただちに身の安全を確保してください。

＊

雷が発生する時間帯によって、長い時間、大雨になるかどうかを予測することもできます。夏の夕立は、蒸し暑い日の夕方ごろに雷が鳴り、雨がザーッと激しく降りますが、1時間も雨宿りをしていれば、雨雲は通り過ぎます。

『夜中の雷は大雨』

一方、夜中でも雷が発生することがあります。雷の大きな音で目が覚めたら、それは大雨のサインです。夜中の雷は、前線や低気圧によるもので、比較的長時間にわたって雨が降り、雨量も多くなるおそれがあるので、警戒が必要です。夜中の雷は、夏だけでなく、季節に関係なく起こるのも特徴です。

平成23年7月新潟・福島豪雨は、7月27日から30日にかけて4日間にわたり、同じような地域で雨が降り続きました。この大雨により、新潟県と福島県では、堤防の決壊や川の氾濫《はんらん》、土砂災害があいつぎました。

この大雨の原因は、ほとんど動かなかった前線です。新潟県付近に停滞していた前線に暖かく湿った空気がつぎつぎに流れ込み、活動が活発になりました。新潟市では昼夜関係なく、連日雷を観測。これがまさに大雨のサインでした。

福島県只見町《ただみまち》では、4日間の総雨量が700ミリを超えました。平年の7月1か月の雨量が、およそ280ミリですから、その2倍以上の大雨が、たった数日で一気に降ったことになります。線状に組織化した雨雲、いわ

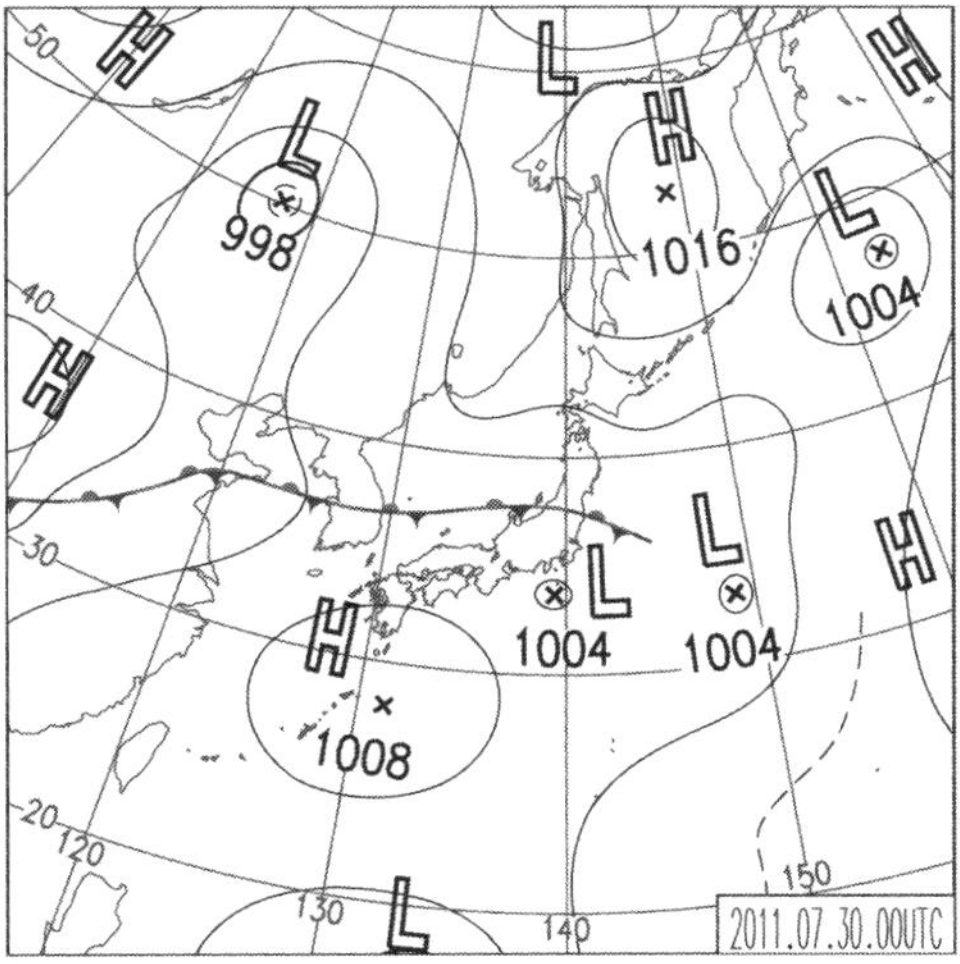

平成23年7月30日9時の天気図

（原典：気象庁「天気図」、加工：国立情報学研究所「デジタル台風」）

ゆる「線状降水帯」が同じような場所にとどまったため、記録的な大雨になりました。

夜中に視界を奪われるような大雨になると、ただでさえ暗くなっている周りの状況がつかみにくくなり、いざ避難するにしても大きな支障が生じます。雨が強まる前に、できるだけ安全な場所に避難してください。

＊

夕焼けの色を見て、大雨を予測することもできます。

一般的なのは、**『夕焼けは晴れ』**ということわざです。これは春と秋によく当てはまります。春と秋は、低気圧と高気圧が交互にやってくることが多く、周期的に天気が変わります。西から天気が変わるので、西の空に夕焼けが見えるときは、翌日は晴れることが多くなります。夏も、太平洋高気圧に覆われているときは、数日間は晴れが続くので、『夕焼けは晴れ』が当てはまることがあります。

しかし、時に夕焼けの色が濃くなることがあります。

『夏の夕焼け、川越して待て』

夏に夕焼けが濃い赤に見えたり、黒っぽく見えたり、不気味な色になることがあります。

水蒸気の量が多くなると、夕焼けの色がいつもより濃く見えるといわれています。夏の太平洋高気圧が弱まっているときや台風が近づいているときは、南から暖かく湿った空気が流れ込み、水蒸気の量が多くなります。暖かく湿った空気は、大雨の原因になり、川の増水や氾濫につながるおそれがあります。

一方、ほかの原因でも、夕焼けがいつもと違う色に見えることがあります。対流圏にちりが多いと、夕焼けがいつもより赤く見えたり、対流圏の上の成層圏に火山の爆発による灰が届くと、紫色に見えたりすることがあるのです。

平成3年（1991）6月、フィリピンのピナツボ火山で大規模な噴火がありました。噴煙《ふんえん》の高さは、約40キロにも上りました。この噴火によって、多量の火山物質が成層圏にまで達し、夕焼けが色鮮《いろあざ》やかに見えたといいます。

＊

宮崎県には、つぎのような洒落《しゃれ》のきいたことわざもあります。

『田舎のばあさんと、マジの風は手ぶらじゃ来ない』

「マジの風」とは南風のことで、雨をもたらす風。宮崎県などで、こう呼ぶ地域があります。田舎のおばあさんがいつもお土産を持って遊びにきてくれるように、マジの風はかならずといっていいほど雨雲を連れてきます。地域によって、雨を降らせる風の向きは異なりますが、宮崎県など太平洋側の地域では、低気圧が西から近づくとき、南寄りの暖かく湿った風が吹きます。
この蒸し暑い空気は、天気が崩れるサインになります。とくに梅雨の時期には、南からかなり蒸し暑い空気が流れ込んでくるため、大雨になることが多くなります。私たち気象予報士は、上空1500メートル付近に暖かく湿った空気がどのぐらい強く流れ込んでくるかを見て、大雨のポテンシャルがあるかどうかを予測します。
ほかに、生き物の行動でも「マジの風」を感じ、天気を予知することができます。

『アマガエルが鳴くと雨が降る』

カエルは、雨がやんだあとに繁殖行動をとることが多いそうです。カエルの皮膚は、湿度に非常に敏感。低気圧が近づいて南風が吹き、湿度が上がると、鳴き声を出して相手を探すといわれています。

『カニが出てくると雨が降る』

このカニは、水中に棲《す》む種類ではなく、海岸にいるカニのこと。陸上で生活していますが、エラ呼吸のため、湿気を必要とします。乾燥しているときには巣穴に閉じこもるものの、雨が降り出す前や雨が降っているときには、えさを探すために巣穴から出てくるそうです。

大風が吹き荒れるサインを知る

鳥たちが、大風を教えてくれることがあります。

カモメは、いつもは海上や海岸近くを飛んでいます。カモメが群れている下では、エサになる小さな魚が泳いでいます。さらに、その魚を食べる大きな魚もいる確率が高いので、漁師はカモメの行動を見て、魚のいる場所を見つけることがあるそうです。

そして、カモメの行動は、荒れた天気が訪れる目安にもなります。

『カモメが里近く来て鳴けば荒れる』

カモメの群れは低気圧が近づいてくると、海から離れます。海が荒れはじめると、陸に逃げてくるため、荒れた天気がやってくるのをいち早く知らせてくれるのです。

ほかにも、鳥の行動による風や雨の予知のことわざはたくさん残されています。

『トビが高く飛べば大風が吹く』

『空高くタカが舞う時は強い風が吹く』

『スズメが群《むら》がってねぐらに帰ると風』

『朝鳩鳴けば川越すな』

『カラスが巣に急ぐは雨』

『ツバメが盛んに餌《えさ》を運ぶと雨』

『ニワトリが朝おそく鳴くと雨、夕方おそくまで遊ぶも雨』

身近な鳥の行動を観察していれば、風が強まったり、雨が降ったりするタイミングを見逃さずに済みそうです。

＊

私たちも耳をよく澄ませば、音の聞こえ方で、風が強まるかどうかがわかることがあります。

『電車の音が近く聞こえる時は風が立つ』

音は、気温の高いほうから低いほうへと伝わる特徴があります。通常は、上空よりも地上付近の気温のほうが高いため、気温の高い地上の音は、気温の低い上空に伝わります。ところが、低気圧が近づいているときは、上空に暖かい空気が流れ込んでくるので、逆に地上付近のほうが気温が低く、上空の気温のほうが高くなることがあります。この場合、音は水平方向に伝わりやすくなります。

また、低気圧が近づいて風も強まると、音が風に乗り、風上側から風下側へと遠くまで届くようになります。このため、ふだんは聞こえてこない電車の走る音が聞こえてきたときは、風が強く吹くといわれています。同様のことわざに**『泉や川の音がはっきり聞こえるのは雨』**というものもあります。

一方、**『雨後、鐘の音が近く聞こえる時は晴れ』**という、正反対の意味のことわざもあります。じつは、高気圧に覆われた場合も、音がよく聞こえるのです。

とくに冬の場合、夜間に放射冷却の影響を受けると、地上付近は冷え込みが強まります。上空の気温よりも地面付近の気温のほうが低くなると、やはり地上と上空の気温が逆転し、遠くの音が聞こえるようになります。高気圧に覆われているので、少なくともその日1日は晴れることになります。

電車や踏切の音、救急車のサイレンの音、川のせせらぎの音など、身近な音を聞いて確かめてみてください。

大雪から日々の暮らしを守る

南岸低気圧は、関東の人々の生活や交通を麻痺《まひ》させることがあります。関東で雪が降るときは、ほとんどの場合、南岸低気圧が原因です。南岸低気圧とは、太平洋沿岸を通る低気圧のことです。

『丑寅《うしとら》の風が吹くと雪が降る』

「丑寅の風」というのは北東の風で、南岸低気圧が通るときに関東地方に吹き込みます。この風は、茨城県沖から千葉県沖にかけて広がる鹿島灘《かしまなだ》からの冷たい風で、関東は気温が下がりやすくなります。そして、低気圧が発達すればするほど風は強まり、強い寒気を引き込んで大雪になるおそれがあります。

平成26年豪雪は、関東甲信など、雪に慣れていない地域で記録的な大雪になりました。2月8日から9日、14日から15日にかけてと、2週続けて週末に大雪に見舞われたので、記憶に残っている方も多いことでしょう。

最深積雪は、山梨県甲府市で114センチ、群馬県前橋市で73センチ、埼玉県熊谷市で62センチなど、いずれも観測史上1位の記録です。東京都心では数センチの雪が積もるだけでも大混乱になりますが、このときは予想を超えた27センチの雪が積もりました。25センチ以上の積雪を記録したのは、じつに45年ぶりのことでした。

関東で降る雪は、多雪地域のサラサラした雪と異なり、湿った雪なのでとても厄介《やっかい》です。高い気温で降る雪は、水分を多く含んだ重たい雪になります。

平成26年豪雪では、雪の重みで建物が倒壊する被害があいつぎました。前橋市では、雪の重みでビニールハウスが潰《つぶ》れ、生き埋めになった人が亡くなりました。長野県原村《はらむら》では、カーポートの下敷きになった人もいました。

埼玉県深谷《ふかや》市でも、落雪による死亡事故がありました。このほかにも、車が立ち往生するなど交通が大混乱したり、道路が寸断され集落が孤立したりと、雪に不慣れな地域での大雪は、とても大きな影響を及ぼしました。

雪が降る予想が出た日には、かならず冬用のタイヤに交換するかタイヤにチェーンを付けてください。孤立や停電への備《そな》えも必要です。日頃から食料や燃料を備蓄しておくこと。また、電気を使わずに暖《だん》がとれるものも用意しておきましょう。

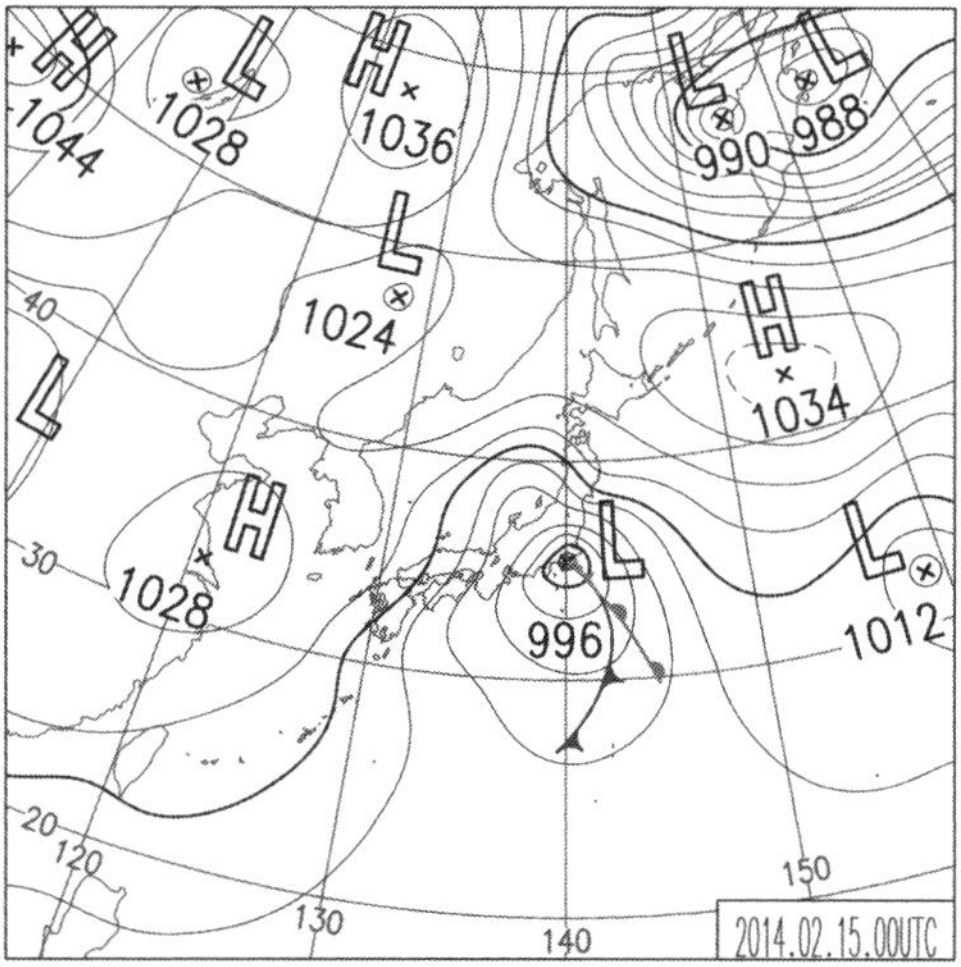

平成26年2月15日9時の天気図

（原典：気象庁「天気図」、加工：国立情報学研究所「デジタル台風」）

一方、雪に慣れている豪雪地帯では、雪が降っているあいだよりも、やんだあとに事故が多く発生します。毎年、除雪作業中の事故が後を絶ちません。

豪雪地帯の多い日本海側では、音で大雪の前兆を感じることもできます。

＊

『冬空に大音響あれば大雪の兆し』

大音響というのは、雷鳴《らいめい》のことです。雷は、太平洋側では夏に多く発生しますが、日本海側では冬に多い現象です。

たとえば、新潟市において、一年でもっとも雷が多いのは12月です。冬になると、大陸のほうから北西の冷たい風が吹きます。

日本海には対馬《つしま》暖流が流れているため比較的暖かく、冷たい風が日本海上空を通るときに、熱や水蒸気を材料にして雪雲が発生します。上空の寒気が強くなるほど雪雲は発達し、雷が発生しやすく、雪は強まりやすくなります。

とくに大雪になりやすいのが、山沿いの地域です。北海道から東北の日本海側、北陸の山に雪雲がぶつかると、雪がたくさん降ります。

日本海側の山沿いで記録的な大雪となった平成18年豪雪では、前年の平成17年（2005）

日本海側を中心に雪を降らせるしくみ

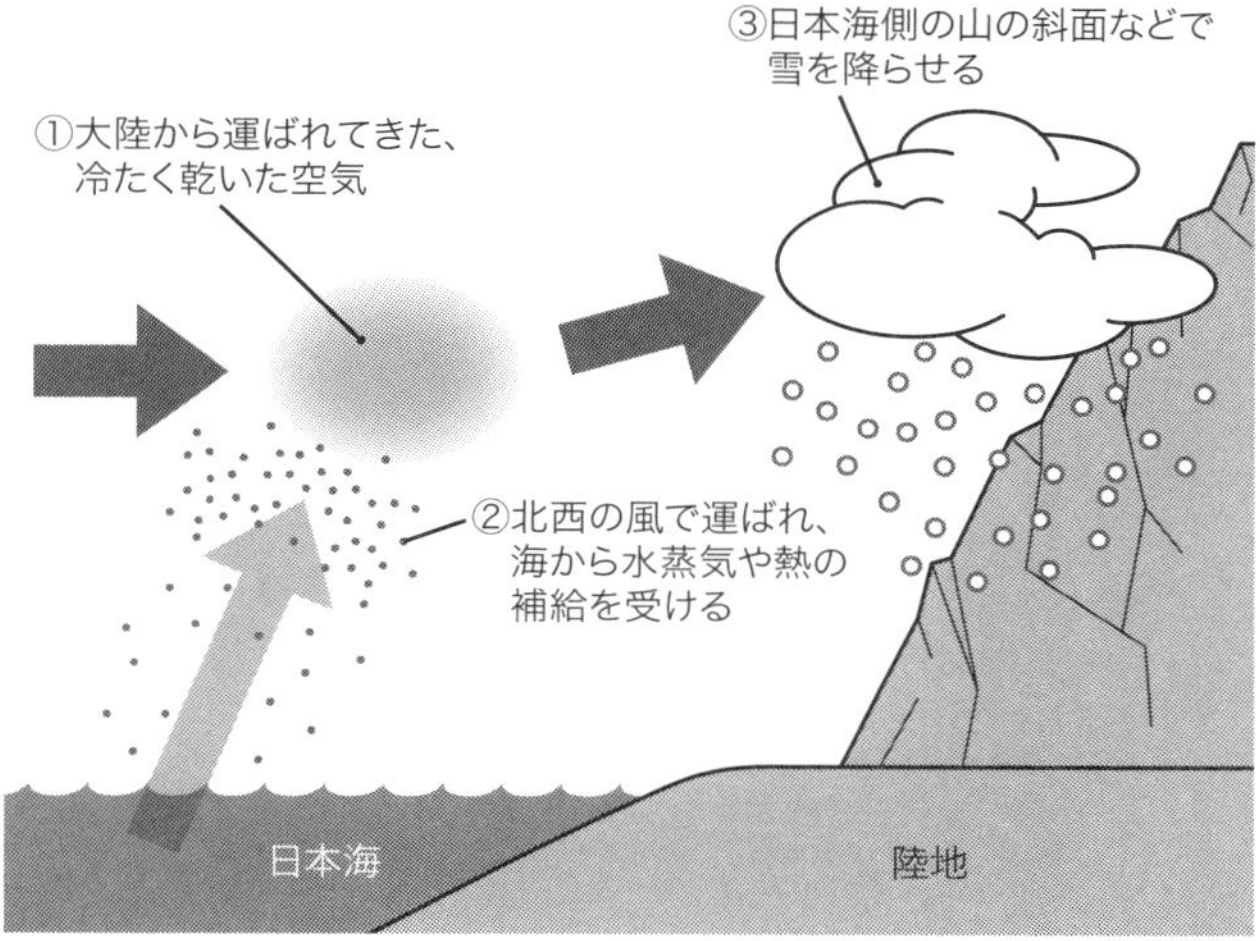
③日本海側の山の斜面などで
雪を降らせる
①大陸から運ばれてきた、
冷たく乾いた空気
②北西の風で運ばれ、
海から水蒸気や熱の
補給を受ける
日本海
陸地

※奈良地方気象台ホームページを参考に作成

12月から翌18年（2006）1月にかけて、非常に強い寒気が日本列島に流れ込みました。新潟県津南町《つなんまち》では、2月5日に4メートル16センチもの雪が積もり、津南町での最深積雪の記録を更新しています。

津南町のような「豪雪地帯」と呼ばれる雪に慣れている地域でも、毎年、除雪中の事故があいつぎます。平成18年豪雪による死者は152人。除雪作業中の死者が113人ともっとも多く、全体の7割以上に上りました。

そのうち、65歳以上の高齢者は99人でした。豪雪地帯では、過疎化が進んでいるところもあり、高齢者の夫婦や単身世帯が増えているため、高齢者が除雪作業を行なわざるをえない状況があります。

除雪作業を行なうときには、かならず複数で行なうことを心がけてください。1人での作業は危険です。もしものことがあったときに、発見が遅れてしまうおそれがあります。家族や隣近所の人と声をかけ合って作業してください。

命綱やヘルメットも必須《ひっす》です。命綱を固定するには、専用のアンカーを使用するか、反対側の柱に結ぶなどといった工夫が必要です。長靴は滑《すべ》りにくく、厚底でないもの、足裏の感覚がわかるものにしましょう。はしごも倒れないように足元をしっかり固め、上部はロープなどで固定する必要があります。

作業時の天気や気温にも注意してください。晴れていて、気温が上がっている午後は、雪が解《と》けて緩《ゆる》みやすくなります。

雪おろしは重労働ですから、体調の悪いときは控えましょう。体調の良いときでも、休憩をはさみながら安全に作業してください。また、体力のある若い人は、積極的に近所の高齢者を手伝う思いやりをもっていただきたいと思います。

雪かきは「少しの思いやり」

青森市や新潟市、富山市など、雪国のバス停などには、冬になるとスコップが設置されることがあります。

青森市では、毎年冬になると、バスを安全に乗り降りできるようにと、ボランティア団体がバス停にスコップを設置します。平成28年（２０１６）12月には、３種類のスコップが設置されました。プラスチック製にアルミ製、鉄製で、雪の質や硬《かた》さなどによって使い分けができるようになっています。

バスの待ち時間に、ひとかきするだけでも、助かる人がいます。雪かきは、体力が必要です。高齢者や障害のある方も安心して雪道を歩けるように、気付いた人がひとかきをし、助け合うのです。

新潟市では、この雪かきが「思いやりのひとかき運動」として知られています。ちょっとした思いやりで、人助けにも、地域を守ることにもつながります。

＊

『三寸雪』

三寸雪とは、豪雪地帯でも災害に結びつくような大雪のことです。一寸が3センチ強ですから、三寸は9~10センチくらい。1時間に10センチも雪が降れば、大雪警報が出るレベルの降り方です。

大雪警報を出す基準は地域によって異なります。ふだん雪の降らない太平洋側では、雪に慣れていないことから、その基準は低くなっています。たとえば、東京都心では12時間の降雪が10センチと予想されるときに、大雪警報が発表されます。

一方、日本海側ではふだんから雪が多いため、基準は高めです。新潟市では6時間に30センチの降雪が予想されると大雪警報が発表されます。1時間あたりに換算すると5センチになるので、『三寸雪』は、かなりの大雪ということになります。

さらに、警報のレベルを超え、大雪によって重大な災害が差し迫《せま》っているときには、大雪の特別警報が発表されます。

大雪の特別警報は、「50年に一度の積雪深となり、かつ、その後も警報級の降雪が丸一日程度以上続くとされる場合」に発表されるものです。新潟市では約1メートルの雪が積もれば、50年に一度のレベルになります。その後の予想でも、6時間に30センチ程度の降雪が1日以上続くような場合には、特別警報が出されることになります。

〝38豪雪〟と〝56豪雪〟は、大雪の特別警報の指標とされている災害です。38豪雪では、昭和38年（1963）1月中旬から下旬にかけて、北陸や東北の日本海側を中心に大雪になりました。56豪雪は、昭和55年（1980）12月から昭和56年（1981）2月にかけての大雪です。

大雪には「山雪型」と「里雪型」があり、山沿いに大雪をもたらす山雪型に対し、里雪型は平地で大雪になります。38豪雪は里雪型で、平地でも大雪に見舞われたのが特徴です。このとき、福井市では2メートル13センチもの積雪を記録しました。福井市の観測史上、もっとも多い積雪です。

死者・行方不明者は、東北から九州にかけての日本海側で231人に上り、やはり除雪作業中の事故が多発しました。雪の重みなどによる住宅の倒壊も多く、全壊・半壊した住宅は600棟以上に上っています。

交通機関にも大きな影響が出ました。大雪のなか、新潟駅を出発した急行列車が上野駅に到着したのは、3日後でした。道路も北陸を中心に多くが通行止めとなり、新潟県だけで約150の集落が孤立しています。

三寸雪が予想されるときには、雪に慣れている豪雪地帯でも警戒してください。

ラジオの天気予報は「具体的」に

ＮＨＫラジオで天気予報を伝えるようになり、４年目になります。

それまでの５年間は、ＮＨＫや民放のテレビで天気予報を担当していたため、ラジオの仕事を始めたときは、気象キャスター１年生に戻った気分でした。

リスナーの方に自分の言葉がきちんと伝わっているのかどうか、とても不安になりましたし、それまでいかに「テレビの画面の情報に頼っていたか」ということも痛感《つうかん》しました。

「どうしたら、言葉だけで、わかりやすくリスナーの方に伝えることができるのか」——これをテーマに、いまもラジオの先輩予報士の伊藤みゆきキャスターや福田寛之キャスターの「伝え方」や「言葉の選び方」を参考にしたり、自分なりに考えたりしています。

たとえば、局地的に大雨になっているときは、雨の状況や今後の予想を「市町村単位」で伝えるようにしています。

「現在、東京都新宿区で、猛烈な雨が降っています。この雨雲は東に移動していて、まもなく千代田区でも大雨のおそれがあります」

というように、とくに危ない場所はどこなのか、できるだけ細かい情報を伝えるよう心がけています。

また、ラジオの天気予報では「数字の情報ばかりになると、耳に残らない」というご意見もいただきます。そこで、雨や風の強さを、言葉で表すようにしています。

たとえば、1時間に50ミリ以上の非常に激しい雨が降る予想のときには、

「滝のような降り方」

「水しぶきで辺《あた》り一面白っぽくなり、視界が悪くなるほど」

と表現したり、風速20メートル以上の非常に強い風が吹く予想のときには、

「何かにつかまらないと立っていられない」

「看板が飛んでくるおそれ」

などと、具体的にどんな状況になり、どのような影響が出るのか、という表現を足し、リスナーの方に危機感を持っていただくようにしています。

大雨の呼びかけで気をつけていること

大雨が予想されるとき、地域や時間帯によって、警戒を呼びかける内容を変えることがあります。

たとえば、平成29年7月九州北部豪雨では、山沿いや過去に川の氾濫《はんらん》があった地域を中心に大雨が予想されたため、とにかく一番に土砂災害と川の氾濫への警戒を呼びかけました。

一方、同年8月1日に、関東で局地的大雨になったとき、とくに雨が強まっていたのは神奈川県でした。このときは、短い時間で大雨になったこと、また、都市部での大雨だったため、浸水や冠水への警戒を呼びかけました。

同じ大雨でも、災害の種類は地域によって異なります。山沿いで大雨になるときは土砂災害の危険性が高くなり、都市部で大雨になるときは、住宅の浸水や道路の冠水が起こりやすくなります。注意・警戒の呼びかけも、その時々で使い分けをするようにしています。

また、時間帯によってもコメントを変えています。夕方の帰宅時間帯に大雨になったら、交通機関の乱れへの注意を呼びかけます。

夜、暗い時間に大雨になっているときは、土砂が崩れたり、道路が冠水していても、その様子がわかりにくくなります。外に出るほうが危険な場合は、建物の上の階に移動する「垂直避難」を呼びかけることもあります。

このように、地域や時間帯によって、どんな被害が起こりうるかを想像し、警戒を呼びかけるようにしているのです。

3章

危機から逃れる知恵、身を守る術

「いざ」というとき判断を誤らない

平成28年（2016）、この年は台風1号の発生が記録的に遅く、7月に入ってからのことでした。そして、それを取り返すかのように8~9月にかけてつぎつぎに台風が発生、日本列島を襲いました。8月に台風が上陸した数は4個と、滅多《めった》にない多さでした。

そのうちのひとつ、台風10号による豪雨は、多くの貴い命を奪《とうと》いました。岩手県岩泉町《いわいずみちょう》では、8月30日の1日の降水量が200ミリ近くに達し、平年の8月1か月分を上回る大雨に。乙茂《おとも》地区では小本川《おもとがわ》が氾濫《はんらん》し、近くの高齢者施設に濁流《だくりゅう》が流れ込んで、入所者9名が死亡するという悲惨《ひさん》な災害がありました。

台風10号は、8月30日の18時前に岩手県大船渡《おおふなと》市に上陸。それに備《そな》えて岩泉町は、その日の朝に町内全域に対して避難準備情報を発令しました。しかし、避難勧告や避難指示は、高齢者施設のあった乙茂地区には、出されませんでした。

『老人・子どもはまず退避』

本来は、避難準備情報が発令された段階で、高齢者や乳幼児、身体が不自由な方など、避難に時間を要する、いわゆる「災害弱者」とその支援者は、空振りを恐れずに避難をはじめなくてはいけません。しかしじっさいには、「避難勧告や避難指示が出てから避難すればいいだろう」と、避難準備情報は軽視されてしまいがちです。

岩泉町の高齢者施設での被害をきっかけに、避難を呼びかける情報が見直されました。この見直しでは、高齢者など災害弱者が適切なタイミングで避難できるように、「避難準備情報」の名称が、「避難準備・高齢者等避難開始」に変更になりました。

また、もっとも拘束力の強い避難の情報である「避難指示」については、「避難指示（緊急）」と変更されました。情報を受け取る側は、情報の本当の意味を理解し、避難に役立てる必要があります。

＊

台風が襲来しやすい高知県四万十《しまんと》市にも、避難の教訓があります。

『風雨の激しいときには、逃げてはならぬ』

高知県の台風の上陸数は、鹿児島県に次いで第2位です。平成16年（2004）には、日本列島に10個の台風が上陸しましたが、そのうち4個の上陸地点が高知県でした（再上陸した台風も含めると5個に上ります）。

台風は、地震や津波とは異なり、ある程度は進路や被害が予測できるものなので、近づくと予想される段階で、安全な場所へと移動する必要があります。しかし、気付いたころには、大荒れの天気になっていて、避難のタイミングを逃《のが》してしまうことも時にはあります。

「大雨や暴風の際は、避難所に行くことがもっとも安全だ」というのは、かならずしも当てはまるわけではありません。状況によっては、外に出て避難すると、かえって危険な場合もあります。

とくに、夜間に暗い道を通って家から離れた避難所に行くのは、周りの状況がわかりづらく、危険をともないます。周囲の状況に応じて、避難所に向かうのが安全なのか、それともその場にとどまるのが安全なのか、自分の身を守るために、もっとも安全な行動を考えてください。

外への避難が難しいときは、建物の上の階に移動する「垂直避難」が有効です。建物の1階は、浸水したり、裏山が崩れた際に土砂が流れ込んだりする危険性が高いので、なるべく2階以上の高い階に上り、山や崖《がけ》と反対側の部屋で安全を確保してください。

もし、平屋《ひらや》の場合なら、隣の家などに避難させてもらえるように、日頃からお願いをしておくことも大切です。

＊

その場にいることに命の危険を感じた場合は、やむを得ず逃げなくてはならないこともあります。

『水害の時には杖《つえ》のような棒で前方をつきながら歩け』

これは、道路が冠水しているときの避難方法で、千葉県の言い伝えです。冠水した道路を通って逃げなければならない場合は、杖や傘《かさ》などといった長い棒で、足元を一歩一歩確認しながら進んでください。このときに長靴だと、靴のなかに水が入って歩きづらくなるので、運動靴で避難することをおすすめします。

川遊びをしたことがある人なら、冠水した道路の歩きづらさがわかると思います。流れが速い川では、ふくらはぎの辺《あた》りまで水に浸《つ》かっているだけでも歩きにくいですし、大きな石などといった障害物があると、バランスを崩し、転《ころ》びそうにもなります。そして一度、転んでしまうと、急な流れのなかで起き上がるのは難しく、最悪の場合、溺《おぼ》れてしまいます。

冠水した道路も、川のように流れが速くなっていることがあり、水深20センチメートル程度でも、歩くのが難しいといわれています。

また、思わぬところに、側溝《そっこう》やマンホールがあるかもしれません。川から溢《あふ》れた水は茶色く濁《にご》っていて、足元の様子がわかりにくくなります。マンホールのふたが外れていたり、深い側溝があったとき、それに気付かないことも十分考えられます。

昭和60年（1985）7月14日、東京都は激しい夕立に襲われました。大田区では、冠水した道路を自転車で走っていた男性が、ふたの外れたマンホールのなかに落ちて死亡する事故が起きています。

車で冠水した道路を走るのも危険です。とくに、線路や道路などの下を通る「アンダーパス」は、周辺よりも低くなっているために冠水しやすく、そこへ車が突っ込んだまま脱出できずに溺死《できし》してしまうという事故も発生しています。水の深さが10～30センチであってもブレーキ機能が低下しますし、30～50センチになるとエンジンが停止、さらに50センチ以上になると、車中に閉じ込められて、溺死するおそれがあります。

見た目では深さがわかりづらく、思いのほか深いこともあります。万が一、車が水に浸《つ》かってしまった場合は、エンジンを速《すみ》やかに止め、すぐに脱出してください。

＊

雷のおそれがあるときも、避難の方法を知っているか知っていないかで、生死が分かれることがあります。

『避雷《ひらい》のため、野外では身を低くせよ』

このことわざは、山梨県に伝わります。甲府市や山梨市などがある甲府盆地は、夏は暑く、冬は寒いのが特徴です。

甲府は、これまで3回も40度以上の暑さを観測したことがあります。甲府でもっとも暑くなったのは、平成25年（2013）8月10日の40・7度。この年は、35度以上の猛暑日日数が31日と、記録的な猛暑になりました。

甲府盆地は、夏に気温が上がりやすいため、上空に寒気《かんき》が入ってくると、地上と上空の温度差が大きくなって、大気の状態が不安定になります。とくに、盆地のように平らな場所では、雷がどこに落ちてもおかしくないので、注意する必要があります。

落雷のおそれがあるときには、すぐに近くの頑丈《がんじょう》な建物に避難してください。なかでも鉄筋コンクリートの建物がもっとも安全とされています。自動車やバス、電車の車内も比較的安全です。木造の建物のなかでは、電気器具や天井、壁から1メートル以上離れましょう。

近くに安全な建物がない場合は、電柱や木、鉄塔などからは離れてください。雷は高いものに落ちるという特徴がありますが、自分の背丈《せたけ》よりも高い電柱や木などがあったとしても、そこへ落ちた雷が近くにいる人に伝わるおそれがあります。

電柱など高いものから4メートル以上離れたところが「保護範囲」と呼ばれる安全地帯です。

雷から身を守る保護範囲

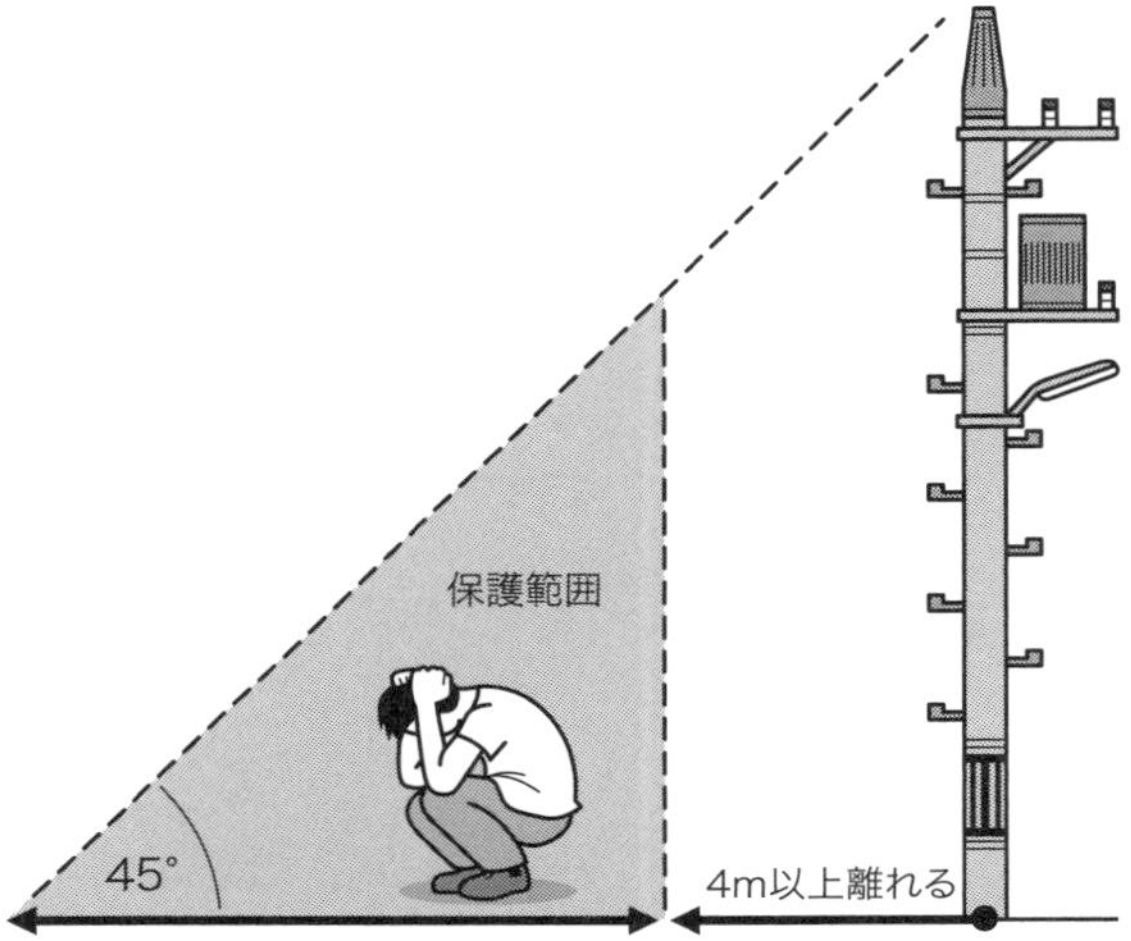

※気象庁ホームページを参考に作成

木の幹や枝、葉からも、最低2メートル以上離れてください。電柱や木のてっぺんを45度ぐらいの角度で見上げられる場所が安全とされています。

過去にも、わずかな距離の差で生死を分けた事故がありました。平成9年（1997）9月8日、茨城県桜川村《さくらがわむら》（現：稲敷市《いなしき》）のゴルフ場で起こった落雷事故で死亡した3人は、木から2メートル以内のところに倒れていました。一方、助かった2人は、木から2～3メートルのところにいたということです。

屋外で身を守るには、姿勢はなるべく低くし、傘などの持ち物は突き出さないようにしましょう。雷の活動が収まり、20分以上してから、安全な場所へ移動してください。

雷雲の接近は、自分の五感や身近なものの様子の変化から感じ取ることができます。危険を感じたら、すぐに避難してください。

＊

『草ぼうきの頭が傾《かたむ》けば夕立』

「草ぼうき」とは、乾燥させたホウキグサの茎《くき》や枝を束《たば》ねてつくったほうきのことです。夕立が起こる日には、空気が湿《しめ》っていることが多いので、乾いている草ぼうきの頭も湿気を含んで変形します。

この草ぼうきの話と似たような話を、全国高体連登山部顧問の渡邊勝さんに伺《うかが》ったことがあります。渡邊さんは「雷の前兆が髪の毛でわかることがある」といいます。雷が発生するときには、静電気で髪が逆立《さかだ》つことがあるそうなのです。

山では上昇気流が起こりやすいので、積乱雲《せきらんうん》ができやすくなります。山登りの際は、避難をする場所が限られるので、天気の変化を敏感に感じ取らなければなりません。

＊

雷雲の下では、竜巻などの突風のおそれもあります。竜巻がやってくるときには、雷が鳴ったり、ひょうが降ったりします。

『竜巻は稲妻のある方から起こる』

竜巻の風は恐ろしいほど強く、住宅がバラバラになってしまうこともあります。平成24年（2012）5月6日に関東地方で起きた竜巻も、住宅を基礎ごと吹き飛ばしました。

この日、関東では巨大な積乱雲が出現し、数か所で竜巻が発生。茨城県常総《じょうそう》市からつくば市にかけての被害はとくに甚大《じんだい》でした。突風の被害の大きさを示す「藤田スケール」は、日本国内において、これまでで最高レベルのF3と推定されています。

F3の突風は、列車が転覆《てんぷく》したり、自動車が持ち上げられて飛ばされたり、大木でも折れたり根こそぎ倒れたりする強さです。巻き上げられたものが、猛スピードで飛んでくれば、たとえ傘や杖など軽いものでも人を殺傷《さっしょう》したり、建物の壁や窓を突き破ったりするおそれがあります。窓ガラスが割れれば、建物のなかに避難していても、けがをする可能性があります。

竜巻などの突風のおそれがあるときは、できるだけ安全な場所で身を守ってください。物置や車庫、プレハブなどは、建物ごと飛ばされてしまうことがあるため、簡易な建物には避難すべきではありません。

近くの頑丈な建物に避難するのが一番ですが、近くに安全な場所がない場合は、水路などのくぼみに身を伏《ふ》せて、頭を守ることが大切です。

藤田スケールの階級と被害の状況

F0	17～32m/s (約15秒間の平均)	テレビのアンテナなどの弱い構造物が倒れる。小枝が折れ、根の浅い木が傾くことがある。非住家が壊れるかもしれない。
F1	33～49m/s (約10秒間の平均)	屋根瓦が飛び、ガラス窓が割れる。ビニールハウスの被害甚大。根の弱い木は倒れ、強い木は幹が折れたりする。走っている自動車が横風を受けると、道から吹き落とされる。
F2	50～69m/s (約7秒間の平均)	住家の屋根がはぎとられ、弱い非住家は倒壊する。大木が倒れたり、ねじ切られる。自動車が道から吹き飛ばされ、汽車が脱線することがある。
F3	70～92m/s (約5秒間の平均)	壁が押し倒され住家が倒壊する。非住家はバラバラになって飛散し、鉄骨づくりでもつぶれる。汽車は転覆し、自動車はもち上げられて飛ばされる。森林の大木でも、大半折れるか倒れるかし、引き抜かれることもある。
F4	93～116m/s (約4秒間の平均)	住家がバラバラになって辺りに飛散し、弱い非住家は跡形なく吹き飛ばされてしまう。鉄骨づくりでもペシャンコ。列車が吹き飛ばされ、自動車は何十メートルも空中飛行する。1トン以上ある物体が降ってきて、危険この上もない。
F5	117～142m/s (約3秒間の平均)	住家は跡形もなく吹き飛ばされるし、立木の皮がはぎとられてしまったりする。自動車、列車などがもち上げられて飛行し、とんでもないところまで飛ばされる。数トンもある物体がどこからともなく降ってくる。

※気象庁ホームページを参考に作成

頑丈な建物のなかでも、上の階に行くほど飛ばされる危険性が高まるので、一番下の階に移動してください。窓の近くは危険ですから、窓のない部屋にいることも重要です。

比較的安全とされているのが、意外にもトイレやお風呂です。竜巻の常襲地アメリカでは、家ごと飛ばされたものの、バスタブだけは残ったために助かったケースがあったといいます。

竜巻が通り過ぎるまで、命を守る行動をしてください。

台風から離れた場所でも竜巻は起きる

竜巻は台風によっても発生することがあります。台風による竜巻は「中心から離れた場所で発生しやすい」という特徴があり、台風の中心から100〜300キロメートル離れた場所や、暴風域に入っていない場所でも起きることがあります。

平成18年(2006)9月に発生した台風13号による竜巻もそのひとつです。台風13号は、9月17日午前9時ごろ、鹿児島県枕崎《まくらざき》市の西の海上約250キロを北上していました。その後、東シナ海をしばらく北上し、午後6時過ぎに長崎県佐世保《させぼ》市に上陸しています。

台風が東シナ海を北上中のお昼前後に、九州であいついで突風が発生しました。宮崎県の宮崎市や日南《にちなん》市、日向《ひゅうが》市、延岡《のべおか》市、大分県でも大分市や臼杵《うすき》市などで、突風がつぎつぎに発生、このうち宮崎県延岡市で起きた竜巻では、死者3人、負傷者も143人に上りました。

いずれの突風も、台風の中心から300キロ程度離れた場所でしたが、大きな被害をもたらしたのです。

備えあれば憂いなし

突然やってきた大雨や地震にすばやく対応するには、日頃からの備《そな》えが必要になります。

「天災は忘れたころにやってくる」という言葉があるぐらいです。

天災は抜き打ちテストのようなもの。いつテストを受けても、きちんと答えられるようにしておかなければなりません。

『避難路の確認を日常の合言葉に』

家族や隣近所の人と、もしものときのために、ふだんから避難路や避難場所を相談しておきましょう。何か起こってからでは、手遅れです。備えておけばよかったと、後悔しないようにしてください。備えておいて損はありません。

まずは、避難場所を決めます。自宅や学校、職場からもっとも近くて、安全な場所はどこでしょうか。

つぎに、避難路を決めます。日頃から通り慣れた道でも、大雨や地震の際は、状況が大きく変わります。通勤、通学で毎日何げなく通っている道は、もし、大雨が降ったら、もし、地震が起きたら、どんな危険が想定されるでしょうか。避難場所に向かうには、どの道を通れば危険が少ないのかも考えておく必要があります。

近くに崖《がけ》など崩れやすい場所や、溢《あふ》れやすい川はありませんか? 大雨で土砂災害が発生し、通ろうと思っていた道が土砂で塞《ふさ》がれてしまうこともありえます。川が溢れ、周辺の道路が冠水してしまうことだってあるかもしれません。

通り道にある木造の建物が倒壊したり、川が増水して、渡らなくてはいけない橋が流されてしまったりするおそれもあります。さまざまなケースを想定して、もっとも安全で、できる限り早く避難できる方法を考えてください。

また、避難のタイミングを決めておくことも必要です。平成29年7月九州北部豪雨の際、福岡県朝倉《あさくら》市の平榎《ひらえのき》地区では、その5年前に起きた豪雨の経験を生かし、早めに避難することができたといいます。

この地区では、平成24年7月九州北部豪雨で、川の近くの住宅が床上浸水する被害がありました。それ以来、「この住宅が水に浸かったら避難する」ということを基準化し、それを徹底することで、平成29年の豪雨のときには、濁流が地区を襲う前に、ご近所で声をかけ合って無事に避難することができたのです。

＊

『非常持ち出し品の準備を日頃よりおこたるな』

これもいつでもできる備えです。昭和21年（1946）12月に、昭和南海地震によって多くの犠牲者が出た徳島県海南町《かいなんちょう》（現：海陽町）の教訓です。

地震は突然起こるものですが、日頃から備えておくことで、もしものときに慌《あわ》てずに済みます。その備えのひとつが、非常持ち出し品の準備です。地震の際は一刻も早く避難しなくてはいけないので、クローゼットや押し入れにしまうのではなく、いつも目立つ場所に、すぐに手に取れるところに置いておきましょう。

【非常持ち出し品の例】

・現金、通帳

・飲料水、缶詰、レトルト食品
・常備薬、マスク、生理用品
・粉ミルク、紙おむつ
・携帯用ラジオ、懐中電灯、電池、ヘルメットなど

食料は、火を通さなくても食べられるものがあるといいでしょう。たとえば、袋に入ったレトルトのおかゆは、常温で、しかもお皿に移さずにスプーンですくって食べることができます。また、携帯用ラジオは、停電によってテレビが見られなくなったり、携帯電話のバッテリーが充電できなくなったりすることを考えると、唯一《ゆいいつ》の情報源になるかもしれません。ライフラインの復旧には、時間がかかることを想定しておくべきです。

これらは、命が助かれば、すべて役に立つものですが、わざわざ非常持ち出し袋を取りにいって命を落とすことになっては、元も子もありません。最優先すべきは、自分の命です。

＊

一方、台風は地震と違い、日本列島に近づく時期を予測することができるので、前もって十分に対策できます。現在の予報技術では、接近の2～3日前から、どのぐらいの勢力でやって

くるか、どのようなコースを通るか、ある程度わかります。また、風の変化でも台風の接近を感じ取ることができます。

『巽《たつみ》の風には、念を入れる』

鹿児島県志布志《しぶし》市のことわざです。巽の風とは「南東の風」のこと。志布志湾は南東を向いた湾で、台風が沖縄のほうから近づいてくるときは、南東の風が強まり、波も高くなります。風が本格的に強まる前に、台風への備えをはじめてください。

【台風が接近する前日までに備えておきたいこと】

・側溝や排水口の掃除をして水はけをよくし、冠水しないようにする
・周りより低い土地は、浸水を防ぐために土《ど》のうを積む
・鉢植えや物干し竿《ざお》など、暴風で飛ばされるおそれがあるものは、固定するか、屋内にしまっておく
・飲料水の確保。断水に備えて、バスタブに水を張っておく
・懐中電灯、携帯用ラジオなど、非常持ち出し品の確認
・避難経路、避難所を家族や近所の人と再確認

・旅行など、予定の見直し
・大規模な災害が想定される場合、台風接近前に、避難所など安全な場所へ

【台風接近の当日の行動】

・やむを得ず、外出している場合は、早めに帰宅する
・雨戸やシャッターを閉める。雨戸がない場合、窓ガラスが割れても飛び散らないように、カーテンを閉めておく
・最新の気象情報をこまめに確認する
・避難勧告、避難指示など、自治体の情報に注視し、指示があれば従う
・不要不急の外出は控える。田んぼや用水路の見回りなどは絶対にしない。海にも近づかない

＊

大地震や豪雨などの災害後の避難生活で、命を落とすケースもあります。避難生活が長期化すると、疲れやストレスが溜《た》まります。免疫力が落ちているときは、とくに体調を崩さないようにしなくてはいけません。

『大雨のあとは悪疫《あくえき》が流行。消毒掃除を入念に、飲食物に注意せよ』

夏の場合は、食中毒や熱中症になるおそれがありますし、冬の場合は、風邪やインフルエンザなどの流行が心配されます。大雨の災害は、夏から秋にかけての暑い時期に発生することが多いので、この言い伝えのように、食中毒に十分注意する必要があります。

平成28年（２０１６）４月の熊本地震では、避難所で配布されたおにぎりが原因で、集団食中毒が発生しました。配布された食事は、その場ですぐに食べ、長時間とっておくのはやめましょう。

また、調理や食事の際は、素手で食品に触《ふ》れないようにします。調理や食事の前に、手を水で清潔に洗うことができれば、それが一番ですが、水が十分にないこともあります。

おにぎりを握るには、使い捨ての手袋やラップが役に立ちます。ラップは食器に敷《し》いて使えば、食器を水で洗わなくても済みますし、ふだんお菓子づくりなどに使うクッキングペーパーも、フライパンに敷けば、同じように水で洗うことなく、くり返し使うことができます。

アルミホイルも、ひと工夫すれば食器になります。二重にしたアルミホイルをコップや缶の周りに被《かぶ》せて、そのまま抜けば、使い捨てのコップになります。このように、ラップやアルミホイルは、ふだんから多めに常備しておくと、いざというときに役立ちます。

夏の災害では、熱中症にも十分な注意が必要です。平成29年7月九州北部豪雨の際も、大雨のあと、30度を超える厳しい暑さが続きました。とくに、救出活動や後片付けなど、炎天下《えんてんか》で作業をする人には、熱中症の危険性が高まります。

屋内でも、体育館などでは冷房がなく、暑さがこもり、蒸《む》し風呂状態になることがあります。真夏は、体を動かさなくても、知らず知らずのうちに汗をかいていますから、こまめに水分補給をしてください。

共同生活では、周りに迷惑をかけたくないからと、たとえ体調が悪くなっても、何もいわずにいる人が多いようです。また、高齢者は暑さを自覚しにくいこともあって、子どもとともに熱中症になりやすくなります。定期的にコミュニケーションをとって、変化に気づくことも思いやりです。

身のまわりのもので暖をとる方法

東日本大震災が発生した平成23年（2011）3月11日、仙台市など被災地では雪が降っていました。地震発生時の気温は、約5度と厳しい寒さのさなかだったのです。

この震災では、1万5000人以上の命が奪われ、ピーク時には45万人以上の人々が過《か》酷《こく》な避難生活を強《し》いられました。不安や恐怖に加え、厳しい寒さもストレスや体調を崩す原因になっていたのではないでしょうか。

平成28年4月14日の熊本地震の際も、朝晩はまだ気温が低い季節。冷たい空気のなか、建物の倒壊の恐怖から、屋外で夜を過ごす人も少なくありませんでした。

着の身着のまま、避難をしなければならないとき、命を最優先するときに、暖《だん》をとるものなど持ち出す余裕なんてありません。体育館などの避難所に行けば、毛布などの用意はありますが、それだけでは寒さをしのげないこともあるでしょう。

そこで、段ボールや新聞紙など、身近にあるようなもので、暖をとる方法を覚えておく必要があります。

まず、新聞紙を使った寒さ対策。新聞紙を、下着と上着のあいだに入れ、さらに上からラップを巻くことで、体温を逃がしにくくなり、保温することができます。足先が冷えるときは、靴下をはいた上に新聞紙を巻き、その上に靴下を重ねばきします。また、新聞紙をくしゃくしゃに丸め、大きなごみ袋に入れると、布団代わりにもできます。

避難所の床は冷たく、体温を奪われます。段ボールや発泡スチロールは、敷《しき》布団代わりにもなります。身近なものも工夫すれば、防寒グッズになることを覚えておきましょう。

次の世代の命を守るために

私が小学生のとき、避難訓練で、こんな言葉を担任の先生に教わりました。

『おはしも』

『お』は、おさない

『は』は、はしらない

『し』は、しゃべらない

『も』は、もどらない

教室や廊下に、この言葉のポスターが貼ってあったことを覚えています。火災や地震など、いざというときに、この言葉を思い出して避難しなさいと教わり、これを頭のなかで唱《とな》えながら、避難訓練をしていました。小学校低学年の子どもでも覚えやすいように、「あいうえお作文」になっています。

阪神大震災後に、消防庁の教育指導のガイドラインに『**おはし**』（おさない・はしらない・しゃべらない）が紹介され、全国に広まったそうです。『**おかし**』（おさない・かけない・しゃべらない）と教える地域もあります。

その後、一語を加え、『おはしも』や『おかしも』になり、最近は『**おはしもて**』（『て』は低学年優先）と、さらに一語増やして教えている学校もあるのだとか。〝まさか〟ではなく、〝もしも〟の意識を持って、訓練に参加してください。

＊

この先は、〝もしも〟の事態が増えるおそれがあります。地球温暖化が進むと、今よりもさらに大雨や猛暑などの災害が増えると予測されています。これまで経験したり、見聞きしてきたこと以上の大きな災害が起きたら……と想定しておく必要もあるかもしれません。

『過去の災害の経験が、そのまま役立つとは限らない』

最近は〝記録的〟にとどまらず、これまでに経験したことのないような〝数十年に1度の〟〝観測史上初〟などという言葉が冠《かん》されるような「稀《まれ》な気象」が日常茶飯事になってきています。

過去の経験がまったく役に立たないこともあります。

たとえば、東京で35度以上の猛暑日になる日数は、20世紀はじめは、ひと夏に1日あるかどうかでした。

しかし、１９９０年代以降、高温になる年が多くなっています。最近では、猛暑日はそれほど珍しいものではなくなり、平成22年（２０１０）には13日もありました。温暖化などの影響で気候が大きく変化しています。

このまま温暖化対策が進まないと、今世紀末には、東京の気温は現在の屋久島《やくしま》なみになると見込まれています。日本の平均気温は４・５度上がり、35度以上の猛暑日は、沖縄、奄美《あまみ》で年間54日程度、東日本や西日本でも、現在から20日以上増える予測です。

気温の上昇にともない、大気中の水蒸気が多くなることによる大雨の増加が考えられます。1時間に50ミリ以上の非常に激しい雨が降る回数は、全国平均で2倍を超え、これまで以上に土砂災害や川の氾濫《はんらん》などの災害が多くなるおそれがあります。

温暖化がこれ以上進まないようにする対策は、次の世代の命を救うことにつながります。

4章
津波から、いかに生き延びるか

大津波、各地に刻まれた警告

三陸の沿岸地域は、明治以降、4度もの大津波に襲われました。明治29年（1896）の明治三陸地震、昭和8年（1933）の昭和三陸地震、昭和35年（1960）のチリ地震、そして平成23年（2011）の東日本大震災の大津波です。

30年から50年に1度、大津波に襲われています。昭和8年と昭和35年の津波の間隔は、わずか27年でした。この頻度《ひんど》では、一生のうちに、多ければ2度も大津波を経験しなくてはなりません。

この地ではひんぱんに津波に襲われるため、昔の人は津波の体験を、直接、子や孫に語り継いだり、石碑に残したりしています。

大津波の前に起こるさまざまな現象も、語り継がれています。

『地震直後、海鳴りがしたら避難せよ』

海からの大きな音は、津波が襲ってくるサインです。雷が落ちたような音やトラックが何台も走ってくるような音、嵐が近づくような音、なかには「『どーんどーん』や『のーんのーん』

津波波高と被害程度

津波波高(m)	1	2	4	8	16	32
木造家屋	部分的破壊	全面破壊				
石造家屋	持ちこたえる			全面破壊		
鉄筋コンクリートビル	持ちこたえる				全面破壊	
漁船		被害発生	被害率50%	被害率100%		
防潮林	被害軽微 津波軽減	漂流物阻止	部分的被害 漂流物阻止	全面的被害 無効果		
養殖筏	被害発生					
音			前面が砕けた波による連続音（海鳴り、暴風雨の音）			
音			浜で巻いて砕けた波による大音響（雷鳴の音。遠方では認識されない）			
音				崖に衝突する大音響（遠雷、発破の音。かなり遠くまで聞こえる）		

※気象庁ホームページを参考に作成

といった大砲が発射されたような音がした」という証言もあります。表現はさまざまですが、共通しているのは誰もが気付くような、非常に大きな音だということです。

一般に、3メートルを超える津波は嵐が来たときのような音、4メートルを超える津波なら大音響になり、雷が落ちたような音がするといわれています。6メートルを超える津波は、火薬が爆発したような音がかなり遠くまで聞こえるとされています。

過去の津波でも、前兆となる大きな音が聞こえたため、早くに避難できたケースがあります。

昭和三陸地震は、昭和8年3月3日午前2時30分に発生。深夜、多くの人が寝静まっている時間にもかかわらず、人々は海からの異常な音を感じて、高台へ避難したといいます。

強い揺れのあと30分から50分すると、三陸の沿岸地域を大津波が襲いました。このときの津波の高さは、3メートルから8メートル程度で、岩手県では局所的に28・7メートルにまで達しました。

強い揺れを感じ、異常な音が聞こえたら、大津波のサインです。身の危険が迫《せま》っています。すぐに高台に逃げてください。

*

宮城県南三陸町にある津波災害記念碑にも、津波の前兆が刻まれています。

『異常な引き潮《しお》　津波の用心』

著《いちじる》しく潮が引いたら、津波の前兆です。すぐに避難してください。昭和35年5月のチリ地震の際、三陸沿岸の地域では一気に潮が引いたといいます。その後、大津波が襲ってきました。

しかし、「引き潮がない＝津波の心配はない」というわけではありません。潮が引かなくても津波が襲ってくることがあります。

東日本大震災の際、「地震の揺れがあったあとも、潮が引かなかったから」と逃げ遅れ、津波の犠牲になってしまったケースがあります。チリ地震津波の経験がある人のなかには、「津波の前には、かならず潮が引く」と信じていた人もいたのかもしれません。

岩手県大槌町《おおつちちょう》でも、高台に一度避難したものの、海面に変化がなかったことから自宅に戻った人がいたといいます。高台から下りる人が多くなってきたころ、海面が盛り上がり、大津波が襲ってきたそうです。

このように、津波の前触《まえぶ》れにはさまざまなパターンがあります。この教訓のように、異常な引き潮がある場合もありますが、引き潮がなくても、地震の揺れがあったときは津波のおそれがあります。

津波の危険性が高いときには、大津波警報や津波警報が発表されます。警報が出ているあいだは、高台など、できる限り安全な場所にとどまってください。けっして、海岸付近に近づかないことです。

＊

一方、揺れがないのに、大津波がやってくることもあります。遠く離れた場所で起こった地震によっても、津波が日本に到達するおそれがあるのです。「遠地《えんち》津波」と呼ばれています。

『外国地震でも津波は来る』

チリ地震は、北海道から沖縄にかけての太平洋沿岸各地に津波をもたらしました。それまで、三陸沿岸の地域では、**『地震があったら津波の用心』**と言い伝えられてきましたが、その経験則が役に立たなかったのです。

チリ地震の際は日本で揺れがなかったために、多くの人が犠牲になりました。昭和35年5月23日の早朝（日本時間）にチリ海溝で発生したチリ地震は、マグニチュード9・5を観測し、世界の観測史上最大の超巨大地震となりました。津波は地震の発生から15時間後にはハワイに到達、ジェット機なみの猛スピードで、23時間後の24日早朝に日本列島を襲いました。

津波の高さは、北海道や東北では2メートル前後、所により4メートルから6メートル。沖縄でも4メートルの津波を観測するなど、日本の北から南まで津波が到達しましたが、なかでも被害が大きかったのは、三陸沿岸の地域でした。

平成16年（2004）12月にインドネシアで発生したスマトラ島沖地震でも、遠く離れたアフリカ東岸のソマリアやケニアなどに津波が到達し、大きな被害をもたらしています。

外国で起きた地震が、規模の大きなものであった場合は、たとえ地球の裏側であっても、津波がやってくるおそれがあることを覚えておきましょう。

＊

岩手県大船渡《おおふなと》市三陸町では、「津波の前後には大漁になる」と伝承されています。

『イワシで殺され、イカで生かされた』

昭和三陸地震は、昭和8年3月に発生した地震です。地震により、津波も起きましたが、宮城県ではその直前の2月までイワシが大漁になり、津波のあとは、イカが大漁になったといいます。

明治29年6月の明治三陸地震の際も、同様の事例があります。岩手県普代村太田名部《ふだいむらおおたなべ》では、津波による男性の犠牲者が少数でした。その理由は、男性たちが皆、漁に出ていたためでした。このとき、岩手県沖ではイワシやマグロ、サバなどが大漁だったといいます。

三重県でも、地震と津波の前に異変が起こったことがあります。昭和19年（1944）12月の東南海地震の前日には、大紀町《たいきちょう》の錦でカマスが大漁になりました。地震後、大漁で得た小金を取りに自宅へ戻った人が津波の犠牲になってしまったといいます。昭和35年5月のチリ地震の際にも、錦ではマグロが大漁になりました。徳島県宍喰町《ししくいちょう》（現：海陽町）に伝わることわざにも、**『するめが多くとれた時は、地震にきをつけろ』**とあり、じっさいに、昭和21年（1946）12月の昭和南海地震のときにはイカが大漁だったそうです。

これらのことわざは、科学的な説明こそついていないものの、全国各地の漁師に伝承されています。

沖縄にも、津波の襲来を警告する言い伝えがあります。

＊

『大地震のあと、たくさんの海鳥が群《む》れて飛んできた』

江戸時代の明和《めいわ》8年（1771）4月に発生した明和の大津波は、沖縄（当時は琉球）をのみ込み、多くの人が亡くなりました。大地震のあとには、海鳥が群れて飛んだり、風がぴたりとやんで静まりかえったり、波が急速に引いたりして、人々は何事かと不思議に思ったそうです。これが大津波襲来のサインでした。

襲ってきた大津波の遡上高《そじょうこう》は、石垣市で80メートルを超えたともいわれています。宮古島《みやこじま》地方にも30メートルを超える津波が襲いました。石垣島など八重山《やえやま》地方の死者・行方不明者は、人口の約3割に上ったといいます。津波に襲われる前の人口は約3万人でしたが、津波のあとは2万人ほどに減りました。

この大津波によって運ばれてきたとされる〝津波石〟が、石垣島や宮古島にたくさん残っています。

宮古島の東平安名岬《ひがしへんなざき》から海を見下ろすと、巨大な岩が無数に点在しています。波がぶつかってもびくともしません。宮古島から伊良《い ら》部《ぶ》大橋を渡ると、伊良部島と下地島《しもじじま》につながりますが、伊良部島から下地島にかけての佐《さ》和田《わだ》の浜にも、ゴロゴロと大きな岩が数えきれないほど転《ころ》がっています。

宮古島や石垣島などがある先島《さきしま》諸島は、台風に襲われやすい地域です。勢力の強い台風によって、猛烈な風が吹いたり、しけで海が荒れることが多くありますが、それでも〝津波石〟は残っています。

この石を見ると、津波の威力の大きさを感じます。過去の災害を忘れないようにと、自然が私たちに教えてくれています。

宮古島東平安名岬の津波石

自分の命は自分で守る

津波のおそれがあるときは、できる限り早く避難し、自分の命は自分で守らなくてはいけません。

『津波てんでんこ』

「てんでん」とは東北の方言で、「めいめいに、各自」という意味です。『津波てんでんこ』は、一人ひとりが家族を信じて逃げること、自分の身は自分で守れ！　という避難の知恵です。

家族がバラバラに逃げるなんて、非情なようにも思いますが、「誰かを置き去りにして自分だけ逃げよう」ということではなく、「家族を信じてそれぞれ逃げれば、皆《みんな》が助かる確率が高くなる」ということです。共倒《とも》れを防ぐ方法でもあります。

東日本大震災のように、津波の発生が平日の日中であった場合、家族が別々の場所にいるケースが多いでしょう。親が学校に子どもを迎えに行ったり、子どもがその場で親の迎えを待つ時間は「もったいない時間」です。避難に時間がかかってしまっては、共倒れするリスクが高まります。これを避けるために、それぞれが一刻も早く逃げる必要があります。

バラバラに逃げるには、家族間の信頼がないといけません。日頃から、避難する場所を家族であらかじめ決めておきましょう。家族が別々の場所にいても、約束した場所で無事に会えるようにしておいてください。

自分の命は自分で守ることが、家族を守ること、さらには地域を守ることにつながります。

＊

これまで述べてきたとおり、津波は、地震が発生してすぐに襲ってくることもあれば、しばらくたってからやってくることもあります。その到達時間は、震源までの距離や海底の地形などによって変わりますが、すぐに襲ってくるものだと考えて行動してください。

明治29年6月の明治三陸津波と、昭和8年3月の昭和三陸津波は、どちらも震源が海岸から遠く、大津波の第一波が到達したのは、地震発生から30分ほどたってからでした。

一方、震源が海岸に近いと、揺れを感じてからあっというまに、津波に襲われます。昭和58年（1983）5月の日本海中部地震では、早いところでは、地震発生から7分後には津波がやってきました。平成5年（1993）7月の北海道南西沖地震でも、地震発生の2～3分後に、第一波が奥尻島《おくしりとう》に到達しました。

しかし、いずれの地震も、津波警報が発表されたのは津波到達後のことでした。気象庁は、地震発生から約3分を目標に津波警報や注意報を発表しますが、震源が海岸に近い場合、津波警報が間に合わないこともあります。

『津波と聞いたら、欲を捨てて逃げろ』

揺れが収まった時点で、何も持たずに、欲は捨ててできるだけ早く逃げる必要があります。お金などの貴重品より、まずは自分の命です。手に取れるところに非常持ち出し袋があれば、それだけは持ってすぐに逃げてください。

*

津波は、どのぐらいの速さなのか知っていますか？　じつは、津波を目撃してから避難しても遅いのです。

『津波は、並の足では逃げ切れない』

津波の速さは、海岸近くではオリンピックの短距離選手なみです。水深10メートルのところで、時速約36キロメートルといわれています。世界一速いウサイン・ボルトの100メートルの世界記録は9秒58、これを時速にすると約37・58キロです。

ボルトでもやっと逃げられるぐらいですから、ふつうの人が全速力で走っても逃げ切ることはできません。津波は海が深いほど速く伝わる性質があり、沖合では時速約800キロ、ジェ

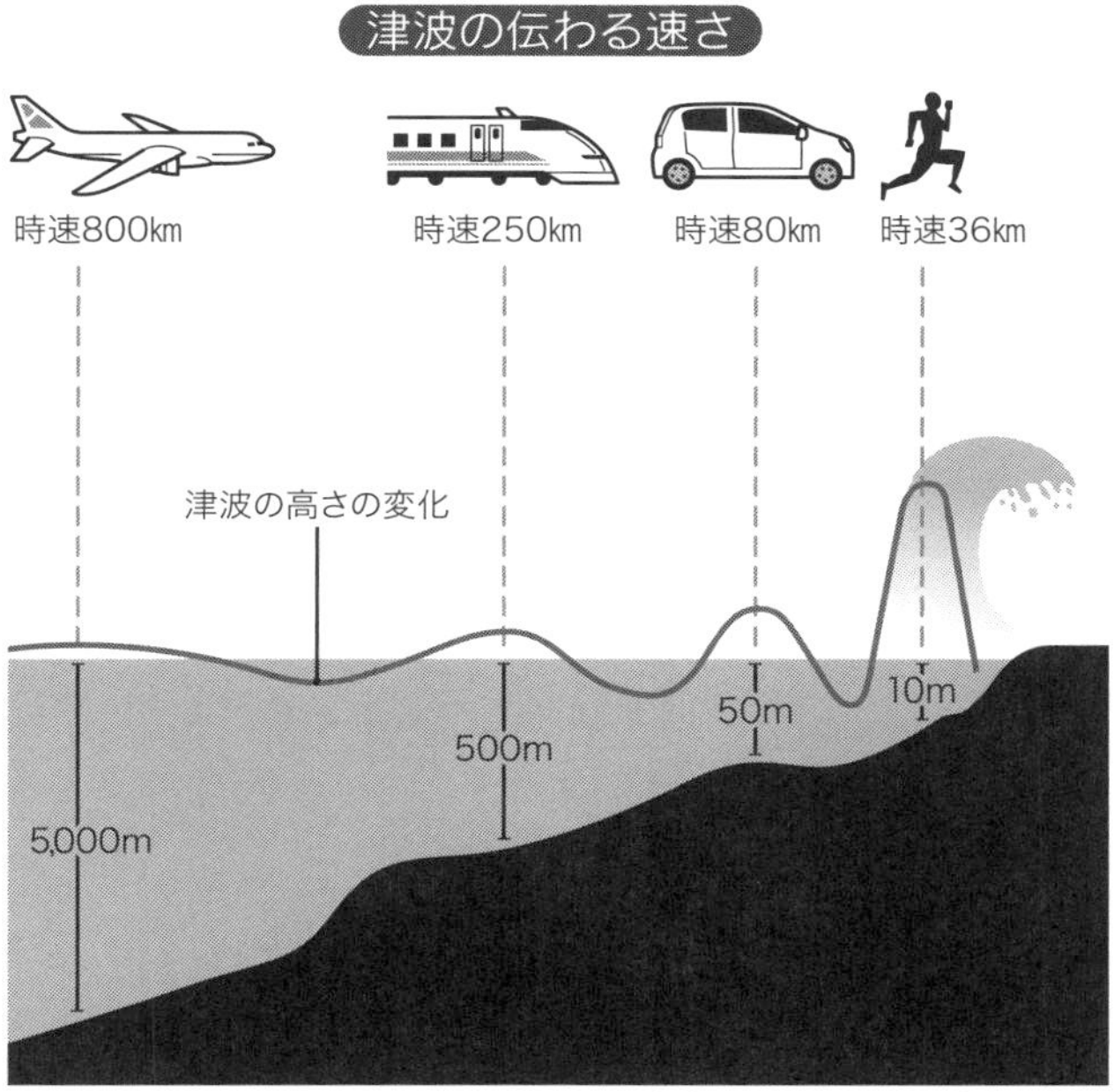

※気象庁ホームページを参考に作成

ット機なみの猛スピードになります。

　東日本大震災のとき、避難する速度は平均で0・62メートル／秒だったといいます。時速にすると2・2キロですから、避難のタイミングが遅れると、あっというまに津波に追いつかれてしまいます。

　高齢者や体が不自由な方の避難や、乳幼児を抱えて避難する場合はとくに時間がかかるので、早めに行動を起こすことが必要です。

　さらに、地震発生時の時間帯やそのときの気象条件によっては、より時間がかかるかもしれません。夜間など辺《あた》りが真っ暗な時間帯に、津波がやってくることも想定すべきです。停電すれば、街灯の明るさもなくなってしまいます。また、雪が積もっていたり、暴風や大雨など荒れた天気になっていたりすると、逃げる速度がよりいっそう遅くなるおそれがあります。東日本大震災の日も、東北の被災地では雪の降る厳しい寒さでした。

建物が倒壊して、歩きづらいところもあるかもしれません。予想以上に時間がかかるかもしれませんので、やはり一刻も早く逃げることが大切です。

＊

避難する手段は、自動車ではなく、徒歩が薦《すす》められています。

『避難は徒歩がいちばん』

車での避難は一度に多くの人を運ぶことができ、道路が空《す》いていれば早く避難することができます。しかし、渋滞すると混乱を招きます。

東日本大震災の際、車で避難する人は全体の57パーセントに上ったといいます。このため、各所で渋滞が発生しました。避難が間に合わず、車ごと津波にのみ込まれ、犠牲になった人も大勢いました。

車での避難には、デメリットが多くあります。一気に多くの人が車で避難すると、渋滞が発生します。また、一刻も早く逃げようと焦《あせ》る気持ちが事故を起こしやすくし、事故が発生すれば当然、さらなる渋滞が引き起こされます。

建物が倒壊して、瓦礫《がれき》で道路が塞《ふさ》がれれば、先へ進めなくなってしまいます。細い道で後続車がいれば、Uターンもできません。停電すれば、信号機もその役割を果たさなくなります。途中で車を乗り捨てる人がいれば、その車は大きな障害物となり、徒歩で逃げる人にとっても迷惑になってしまいます。さらに、渋滞が発生すると、救急車などの緊急車両が通れなくなり、救助活動の妨《さまた》げにもなります。

渋滞が激しいときは、むしろ歩いたほうが早く、自由も利《き》くので、徒歩での避難が推奨《すいしょう》されているのです。震災後、避難の適切な方法が検討され、地震の際の避難は、「徒歩が基本」「車での避難は原則禁止」とされました。

しかし、東日本大震災の教訓が生かされなかった残念な例があります。平成28年（2016）11月22日、福島県沖を震源とした地震で、宮城県や福島県には津波警報が発表されました。仙台港では最大1・4メートルの津波が観測されています。

この地震では、大きな被害はありませんでしたが、このときも車で避難した人が多く、渋滞が発生しました。万が一、大津波がきていれば、渋滞中の車に乗っていた大勢の人が犠牲になっていたかもしれません。

本当に車が必要な人のみ、車で避難してください。「災害弱者」と呼ばれる高齢者や乳幼児、体が不自由な方とその家族は、車で避難せざるをえません。

混乱を防ぐためには、「災害弱者がいる家庭だけは、車での避難を認める」など、地域内であらかじめ取り決めをしておく必要があると思います。

決して戻ってはいけない

引き潮の際に、打ち上げられた魚や貝を拾いに行き、突然襲ってきた津波の犠牲になったという話が、岩手県陸前高田《りくぜんたかた》市に伝わっています。

『急に潮が引いて魚が残された。拾っていたら津波にさらわれた』

潮が引いているからといって、けっして海に近づいたり自宅に戻ったりしないでください。

この話も、同じことを二度とくり返さないようにと、親から子、子から孫へ口伝《くでん》されています。

昭和35年5月のチリ地震による津波は、その間隔が40分から80分と、津波がやってくる周期が長かったことが特徴です。潮が引いている時間が長かったため、魚や貝を拾いに行った人が多くいたのでしょう。

津波は第二波、第三波と、くり返し何度も押し寄せてくることがあります。第一波と第二波のあいだにいったん潮が引いても、たとえその時間が長くても、まだ安心できません。また、第一波がもっとも大きいとは限らず、第一波よりも第二波や第三波が大きいこともあります。

高台に避難したら、津波警報が解除されるまでは、その場にしばらく待機してください。

＊

『一度逃げたなら1～2時間は待て』

東日本大震災の際、一度は避難したものの、自宅に貴重品を取りに戻ったり、家族を迎えに行ったりした途中で命を落としたケースがありました。

岩手県釜石《かまいし》市には、こんな悲しいエピソードがあります。釜石市のある保育園では、震災当時、生後間もない乳児から5歳児までを預かっていました。乳児はもちろん自力で逃げることができないため、荷車に乗せたり、保育士らがおぶったりして高台に避難したといいます。

地震発生の時刻は、午後2時46分。昼寝の時間に地震が起こったため、園児たちはパジャマ姿でした。そのときの気温は約5度と厳しい寒さでしたが、一刻も早く逃げるためには着替えをさせている暇《ひま》はありません。正しい判断です。

しかし、避難した高台でパジャマ姿の園児を見つけた母や祖母は、園児の体調を心配し、家に戻ろうと高台から下りていきました。

そのとき、まだ海は穏やかであったため、今なら大丈夫だろうと思ったのかもしれません。しかし、高台を下りた人たちは皆、津波の犠牲となってしまいました。

どこへ、どう逃げるべきか

避難するルートも考えましょう。どこを通れば、避難場所に短い時間でたどり着けるか話し合ってください。

場所によっては、舗装《ほそう》されていない斜面を登っていったほうがより早く、より高いところに逃げられるかもしれません。ただし、川沿いの道は避けてください。

『川沿いを逃げるな』

津波は川を逆流します。川を背にして、高台へと逃げることです。東日本大震災のときには、宮城県の北上川《きたかみがわ》の河口から約49キロの上流まで津波が到達したといいます。

海岸から離れている内陸《ないりく》の地域でも、川の周辺では津波に襲われる危険があります。大きな川だけでなく、小さな川でも津波による逆流は起きるため、北上川水系の小さな川の周辺では、津波発生の数時間後に床上浸水した地域がありました。

名取川《なとりがわ》でも、津波が逆流しました。私が震災の5年後の平成28年（２０１６）10月に名取市閖上《ゆりあげ》を訪れたとき、名取川の周辺は広く更地《さらち》になっていました。

いくつかの建物は残っていましたが、柱だけになっているものなど原形をとどめているものはありませんでした。

防潮堤が建設されている途中で、人の姿も車の行き来もほとんどなく、重機が数台止まっているだけです。５年たっても、復興はなかなか進んでいません。

宮城県名取市の津波跡地

ゆりあげ港にある海産物などが売られているメイプル館に寄ると、そこでは東日本大震災の津波の映像が流れていました。住宅や車をいとも簡単にのみ込みながら、名取川を勢いよくさかのぼる津波の様子が映し出されていました。これまでテレビで何度も同じような映像を見たはずなのに、改めてショックを受けました。

最近は、津波の映像がテレビで流れる機会は少なくなりました。ショッキングな映像なので、視聴者に配慮している面もあると思います。ただし、その当時の映像は、津波のむごさを次の世代に伝えていくひとつの方法にもなります。多くの人が、恐ろしさを再認識し、改めて「自分の身を守る方法」を考えるきっかけになるのではないでしょうか。

＊

岩手県宮古市も、たびたび津波に襲われる三陸沿岸の地域です。過去の津波の到達点には、石碑や標識などが建てられています。

『此処《ここ》より下に家を建てるな』

昭和三陸地震の後に建てられた宮古市の大津浪《おおつなみ》記念碑に、こう刻まれています。この地域では、明治三陸地震と昭和三陸地震の際に、石碑が立っているところまで津波が襲い、生き残ったのはわずか数人だったということです。

この石碑より下は津波にのまれるおそれがあるため、家を建てるなといわれています。東日本大震災の津波も、この石碑の手前で止まったそうです。

同様に、岩手県田野畑村《たのはたむら》でも、昭和の津波のあとに石碑が建てられました。やはり刻まれているのは、**『低いところに家を建てるな』**という教えです。

三陸沿岸の地域は、大津波のたびに高台への移転が行なわれました。明治の津波により壊滅《かいめつ》的な被害を受けた岩手県吉浜村《よしはまむら》（現：大船渡市）では、村長らの判断により、高台への集落移転が実行されました。これによって、37年後の昭和の津波による被害は少なかったといいます。

一方、隣の唐丹村《とうにむら》（現：釜石市）も、一度は集落を高台に移転しました。しかし、その後、豊漁に恵まれたため、漁に出るのに便がいい海沿いに住居を戻してしまったといいます。そのため、昭和の津波では村のほとんどが被災し

宮古市の大津浪記念碑
（提供：重茂漁業協同組合）

てしまいました。

岩手県陸前高田市でも「津波のおそれがあるときは高いところへ避難せよ」という教えが石碑に刻まれています。

＊

『地震があったら高所へ集まれ』

次の世代の人々に同じ思いをさせまいと、先人が残してくれたものです。そして今、東日本大震災を経験した人々が、さらに次の世代に伝えるための活動を行なっています。

陸前高田市では、津波の避難に役立てようと、東日本大震災の津波の到達ラインに桜の木が植えられています。

なぜ桜なのでしょうか。昔から、津波に幾度《いくど》となく襲われている三陸一帯には、津波の到達点に、数多くの石碑が建てられています。しかし、これらの石碑の存在を知らない人も多いといいます。形としては残っているものの、記憶には残っていないことが多いのだそうです。

「認定ＮＰＯ法人 桜ライン３１１」の佐々木良麻さんは、そのことに悔《くや》しい思いを抱き、津波の悲惨さを忘れないようにと、多くの人の記憶に残る桜を植える活動を行なっています。

毎年、３月と11月の週末に全国のボランティアが集まり、陸前高田市内の津波到達地点に桜の木を植樹しています。津波到達地点の土地を持っている方に許可をとり、しだいにその範囲を拡大しているということです。

平成29年（２０１７）３月までに、１２２７本の桜の木が植樹されました。陸前高田市内の津波到達ラインは延《の》べ１７０キロにも及ぶので、そこに10メートル間隔で桜の木を植えるとなると、目標は1万７０００本になるそうです。

その桜は、避難の際の新たな目印になることでしょう。春になって桜を見れば、あの日を思い出したり、あの日のことを子や孫に語り継いだりと、災害を伝承する機会にもなるはずです。これから東日本大震災を体験していない世代も増えていきます。次の世代の命を守るために、あの日のことを忘れないために、活動は続いています。

＊

一方、南海トラフでも過去に何度も大地震が発生しており、やはり先人の教訓が多く残っています。南海トラフでは、１００年から２００年ぐらいの間隔で大地震が発生しています。最近では、昭和19年12月の昭和東南海地震、昭和21年12月の昭和南海地震です。

このときの大地震から70年以上がたち、近い将来、南海トラフでふたたび大地震が発生する確率が高くなっています。過去の地震や津波を上回ることも想定しておく必要があります。

『最高潮位標識より高い津波もあることに注意せよ』

徳島県海南町《かいなんちょう》（現：海陽町）に伝わる「津波十訓」のひとつです。海南町は、昭和21年12月21日に発生した昭和南海地震により、津波の大きな被害を受けました。この地震とその津波による死者・行方不明者は、徳島県や高知県、和歌山県を中心に、約1450人に上りました。海陽町の観音堂につながる石段の脇には、4メートルと6メートルの高さのところに、津波到達点の石碑が建てられています。昭和南海地震による津波は4・1メートル、嘉永《かえい》7年（安政元：1854）12月に発生した安政南海地震による津波は6・4メートルでした。

阿南《あなん》市の神社の石段脇にも、昭和南海地震の津波の様子が刻まれた石碑があります。最初の津波は石段の6段目まで達し、いったん引いたものの、すぐに第二波が襲い、10段目まで達したということです。自分の背や近くの住居と高さをくらべてみてください。単に津波の高さを数字で知るよりも、恐ろしさを実感できるはずです。

南海トラフにおける地震は、いつ発生してもおかしくない状況です。政府の研究によると、この先30年以内にマグニチュード8から9クラスの大地震が起こる確率は、約70パーセントとかなり高い確率になっています。

「髪の毛」で天気予報?!

私は幼いころから「くせ毛」に悩んでいます。父や妹、いとこ……家族や親戚は、ほとんどが頑固《がんこ》なくせ毛です。

雨の日は、せっかく30分ぐらいかけて、ストレートアイロンでまっすぐに髪を伸ばしても、玄関のドアを開けたとたんに台無《だいな》しです。思春期のころは、両親を少しだけ恨んでしまったこともあります。

ただ、天気予報の仕事をするようになってから、長年の悩みのタネだったくせ毛が予報の役に立つことがわかったのです。

湿度が高くなり、くせがよりひどくなるのが、雨のサインになります。ことわざにも、『くしが通りにくい時は雨の前兆』というものがあります。

髪の毛は、湿度が高いと伸びたり、毛質によっては縮《ちぢ》れたりして、くしが通りにくくなります。髪の毛を使った湿度計もあり、現在でも美術館や博物館で使われています。

一方、空気の乾燥を感じて、晴れを予知することもできます。『厚化粧は晴れのしるし』――これは、私の経験です。

冬の東京は空気が乾燥します。乾燥がひどくなると、肌もカサカサになり、化粧水をたっぷり染《し》み込ませても、粉をふくことがあります。冬の晴れた日の朝、鏡の前でお化粧をしていると、肌荒れを隠すためについつい厚化粧になり、時間がかかってしまうものです。

ほかにも、湿度が高くなると、匂いを強

く感じることがあります。自分の五感を使えば、天気を予知することができるのです。

"ネタ探し"は毎日の観察から

ラジオの天気予報で、いつも予報のみを伝えているだけでは、リスナーの方も退屈してしまうことでしょう。そのため、私は季節感のある話題を取り入れるよう心がけています。

毎朝、渋谷のＮＨＫまで出勤するときに、空を見上げて雲の様子を見たり、鳥や虫、花を観察したり、街を歩く人の服装をチェックしたりして、ネタ探しのアンテナを張っています。

埼玉の実家に帰ったときには、庭の花や父の畑の野菜を見て、四季の移り変わりを感じるようにしています。私は、大学生まで埼玉の田舎で育ったので、都会っ子よりも、多少、季節や旬に敏感な気がします。

実家近くの叔父の家の庭には、樹齢２００年ぐらいの梅の木があります。

埼玉では、梅の花は1月下旬ごろに咲くのがふつうですが、開花時期が、例年より早かったり遅かったりすることがあります。１月の半《なか》ばに咲くこともあれば、２月の終わりごろに開花することもあります。２月半ばのバレンタインのころになっても咲かないときは寒冬の目安とし、その後も寒さが続くのでは、と注意しています。

これからも、日々の自然の変化を注意深く観察しながら、季節を感じられる天気予報を伝えていきたいと思います。

5章

春夏秋冬、警戒したい空模様

春に警戒したい気象

春は風の強い季節です。春にはじめて吹く南寄りの風を「春一番」といいます。春到来の明るい便《たよ》りと捉《とら》えられますが、強い風なので大きな災害をもたらすこともあります。

『はい西に綱とくな』

これは、山陰のことわざです。「はい西」というのは南西風のことで、「春に南西風が吹くときは漁をするな」といわれています。

安政《あんせい》6年（1859）、長崎県五島《ごとう》沖で漁に出ていた50人以上の漁師が、春の突風にあおられて海に転落し、全員死亡しました。この事故が「春一番」の語源になったという説がありす。この事故以降、春一番が吹くまでは漁に出ることを恐れたといいます。

昭和47年（1972）3月の春一番では、富士山での遭難があいつぎました。暴風雨に見舞われ、濃霧《のうむ》で視界が非常に悪くなり、さらに雪崩《なだれ》も発生したため、御殿場《ごてんば》口の登山道で遭難する人が続出、24人が亡くなりました。

昭和53年（1978）2月に春一番が吹いた日は、東京で電車が横転する事故が起きています。

日本海で発達した低気圧から延《の》びる前線が関東を通過した影響で、東京では竜巻が発生し、江戸川区の鉄橋を走っていた電車が脱線、横転しました。

春一番は低気圧によるものですが、台風なみの強い風が吹くことが多いので注意が必要です。

＊

旧暦の2月（新暦の3月）と旧暦の8月（新暦の9月）は、風が強い季節ですから、この時期は「大切に思う人を船に乗せないように」といわれています。

『二月、八月かわいい子を船に乗せるな』

3月は、冬から春へ移り変わる時期です。冬型の気圧配置が崩れることが多くなり、低気圧が日本付近を通るようになります。そして、冬の冷たい空気が残っているところに、春の暖かい空気が流れ込みはじめるため、低気圧が急発達することがあります。

これまで3月にもっとも強い風が吹いたのは、富士山を除くと平成5年（1993）3月24日の熊本県の阿蘇山《あそさん》です。最大瞬間風速は55・9メートル。この日は、西日本から東日本で低気圧が急発達したため、各地で暴風が吹き荒れました。

一方、9月は台風シーズンですから、しばしば暴風が吹きます。9月にもっとも風が強く吹いたのは沖縄県宮古島《みやこじま》市。最大瞬間風速は85・3メートルに達しました。これは、富士山を除いた観測地点のなかで一番の記録です。この暴風は、第二宮古島台風によるものでした。

第二宮古島台風は、昭和41年（1966）9月5日に宮古島に近づいた台風18号です。発達のピークを迎えたときに、宮古島に最接近しました。台風はゆっくりと宮古島付近を進んだため、大荒れの天気が長く続き、島内の半数以上もの住宅が損壊《そんかい》する被害がありました。

このように、春のはじめや秋のはじめなど、季節の変わり目は、風が強まりやすくなります。

＊

春一番など南風が強まった翌日は、かならず西風や北風に変わり、それもまた非常に強く吹きます。春の嵐のあとは、決まって冬の嵐がやってくるのです。

『春、南風が吹けば西へ廻《まわ》って倍になる』

平成25年（2013）3月1日は、日本海で低気圧が発達し、その低気圧に向かう南寄りの風が全国的に強まりました。

関東や中国、四国、九州北部で春一番を観測し、高知県では最大瞬間風速30メートルを超える南西の風が吹きました。東京都心でも暖かい南風が強まったため、気温は17・6度まで上がり、4月なみの陽気になりました。

しかし、春一番の翌日は、冷たい西風や北風が吹いて急激に気温が下がり、冬の寒さが戻ります。冬の嵐に襲われることもあります。南風が強くて暖かいほど、その後は西風や北風が強く、寒さも厳しくなります。

平成25年も、春一番が各地で観測された翌日は急に寒くなり、北海道は同月の2日から3日にかけて猛吹雪に見舞われました。中標津町《なかしべつちょう》や湧別町《ゆうべつちょう》など、道東を中心に9人もの命が奪われました。

この猛吹雪の原因は、発達した低気圧です。春一番をもたらした低気圧が北海道で急速に発達し、中標津町上標津《かみしべつ》では、2日昼過ぎに風向きが急変。午後1時には南西の風が5メートル程度でしたが、午後2時に風向きが急に北西に変わり、午後7時には22メートルを超える風が吹き荒れました。

湧別町でも、2日の昼ごろから天気が急変。昼前はよく晴れていたものの、午後は急に風と雪が強まり、猛吹雪になりました。

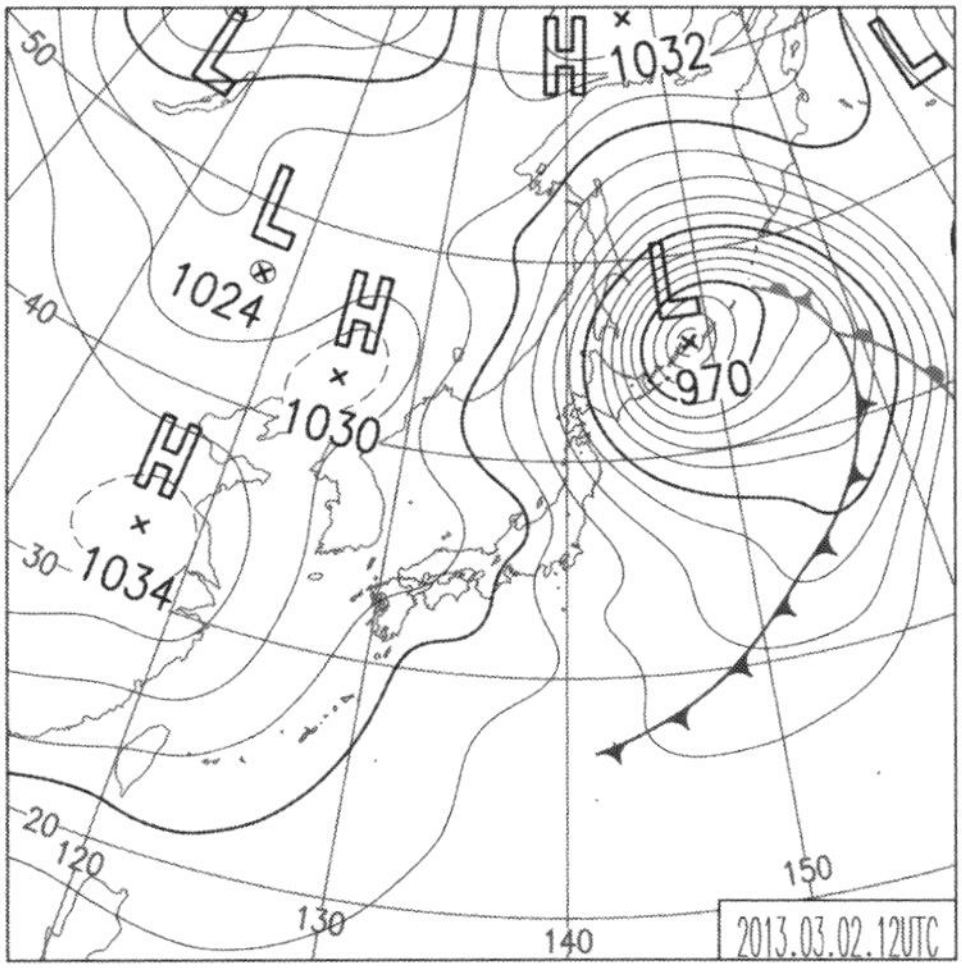

平成25年3月2日21時の天気図

（原典：気象庁「天気図」、加工：国立情報学研究所「デジタル台風」）

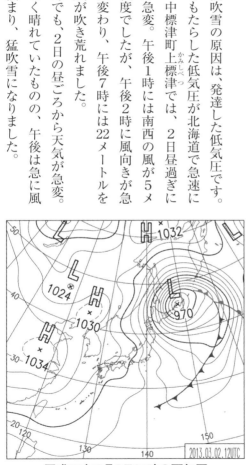

この猛吹雪により、湧別町でひとりの男性が犠牲になりました。2日午後、湧別町に住む親子（父と娘）は車で知人宅に出かけました。しかし、猛吹雪の影響で車が立往生《たちおうじょう》してしまったため、車を降りて歩いて知人宅に向かったそうです。そして、当時1メートル先の視界もない地《じ》吹雪のなか、ふたりは遭難。このときの気温は氷点下5度前後でした。

翌朝、車から300メートルほど離れたところで親子は発見されましたが、父は凍死。父の胸に守られるように抱《かか》えられていた娘は、奇跡的に助かりました。

猛吹雪のなかでは、ふだん通り慣れている道でも見通しが利《き》かなくなり、方向感覚を失います。風が強まると、真《ま》っ直《す》ぐ歩くことも難しくなります。

また、冷たい風や雪によって、体温が急激に下がると、低体温症になり、最悪の場合、凍死することもあります。一般に、体温が35度以下になると体が震《ふる》え、歩くのが困難になります。33度以下になれば意識不明に、30度以下まで下がるとこん睡状態に陥《おちい》り、その後、さらに体温が下がると、心臓が停止するといわれています。

暴風雪警報が出ているときは、外出は控えてください。もし、外出中に急な猛吹雪に遭《あ》ってしまったら、近くのコンビニエンスストアや道の駅などで、天気の回復を待ちましょう。

車が立往生してしまった場合は、ＪＡＦ（日本自動車連盟）などのロードサービスや警察、消防に救助を求めてください。救助を待つあいだは、エンジンを切るようにしましょう。エンジンをかけたまま、車が雪に深く埋もれていると、排気管の出口が塞《ふさ》がってしまい、排気ガスが車内に入り込んで、一酸化炭素中毒になることもあります。

エンジンを切ると、車内の温度が下がり、今度は低体温症のおそれが出てきますが、防寒着や毛布、新聞紙などで、体温が下がらないようにしましょう。

やむを得ず、エンジンをかける場合は、かならず排気管の周りを除雪してください。猛吹雪になっているときは、除雪しても、すぐにまた、雪で埋まってしまうことがあります。立往生による事故を防ぐためにも、冬のあいだは、常に車内にスコップや防寒着などを備《そな》えておきましょう。もしものときに、命が助かる可能性が高まります。

＊

春には、強風のほかにも気をつけることがたくさんあります。私たち気象予報士は、春になると〝３Ｋ〟を気にするようになります。３Ｋというのは、頭文字が「Ｋ」の強風、黄砂《こうさ》、花粉です。これに、乾燥を入れて〝４Ｋ〟ということもあったり、気温の変化を加えて〝５Ｋ〟といったりする人もいます。

『雲行き速く、空黄色を帯《お》びる時は大風あり』

黄砂が日本にやってくると、風が強まるサインになることがあります。春は黄砂が原因で、空が黄色っぽくかすんで見えることがあります。とくに九州など西の地域ほど、黄砂が飛んでくることが多いですが、北海道に届くこともあります。過去には、太平洋を横断して、北米やグリーンランドまで到達したこともあったようです。

黄砂は、大陸にあるゴビ砂漠やタクラマカン砂漠などからやってきます。大陸に低気圧があると黄砂が舞い上がり、上空の西風に乗って日本にやってくるわけです。

大陸にある低気圧も、その後、東へ進み、日本にやってきます。春は低気圧が日本付近で発達しやすく、強い風が吹くことが多くなることから、こうしたことわざが生まれたのでしょう。

＊

春の〝4K〟のひとつである乾燥は、山火事の原因になります。林業関係者のあいだでは、桜が咲く季節になると、火の取り扱いに注意が必要だといわれています。

『桜が咲いたら、山火事に注意』

山火事が多い時期は、九州から関東の太平洋側では2～3月、日本海側や東北は4月、北海道は5月です。春は風の強い日が多くなり、空気も乾燥します。たとえば、日本海で低気圧が発達した場合、南風が強まり、日本海側の地域ではフェーン現象（212ページ参照）によって空気の乾燥が著《いちじる》しくなって、山火事が起こりやすくなります。

春に山火事が増えるのは、気象条件のほかにも理由があります。桜が咲く季節になると、山の雪も少なくなり、人が山に入る機会が多くなります。山焼きなどの手入れがはじまったり、ハイキングや山菜採りで山に入って火を使ったりと、火事の要因が増えます。大分県由布《ゆふ》市では、平成21年（２００９）も、3月から5月にかけて、全国各地で山火事が発生しました。大分県由布市では、野焼《のや》きの際に急激に火が燃え広がり、４人が亡くなっています。

火事を起こさないためには、枯れ草や落ち葉があるような場所でたき火をしないことです。バーベキューなどはかならず指定されている場所で行ない、その場を去るときは、完全に火が消えていることを確認してください。

日本の山火事の多くは、人為的な要因で発生します。一人ひとりの注意で防ぐことができる災害です。

夏に警戒したい気象

気象庁による季節の区分では、6月から8月が夏です。ただし、6月と7月は、九州から東北にかけては梅雨にあたり、約1か月半にわたる長い雨の季節になります。毎年、大雨による災害が多い時期です。

このため、気象庁は防災情報として、梅雨入りの発表をします。ただの季節のお知らせではありません。梅雨入りの発表は、「大雨の時期に入るので、備えをしてください」と呼びかける目的があります。

一方、梅雨明けの発表も同様で、「大雨の時期は終わるものの、これからは厳しい暑さに注意してください」と、防災上の注意喚起《かんき》をするものです。

この梅雨入り、梅雨明けのタイミングをある花が知らせてくれます。

『アオイの花が頂上まで咲けば梅雨明ける』

空に向かって咲くタチアオイ（提供：伊藤みゆき）

アオイとは、梅雨の時期に咲くアオイ科のタチアオイのことです。昔から梅雨入りと梅雨明けの目安にされています。

人の背丈《せたけ》ほどの高さの茎《くき》に、赤や黄、白、紫などの花が縦《たて》に並んで咲きます。茎の下から咲きはじめ、天に向かって咲きそろっていく特徴があり、咲きはじめは「梅雨入り」、咲き終わりは「梅雨明け」の大まかな目安にされてきました。梅雨の時期に咲くことから、別名として〝梅雨葵《あおい》〟とも呼ばれています。

＊

『半夏生《はんげしょう》の大雨』

半夏生とは、夏至《げし》から数えて11日目、7月2日ごろのことです。半夏（カラスビシャクの漢名）という薬草が生えはじめる時期にあたり、昔から、この時期までに田植えを終わらせるなど、農作業の重要な目安になっています。

この時期は、梅雨も後半に差しかかり、大雨が頻発《ひんぱつ》する季節になります。半夏生のころの大雨のことを指す「半夏水《はんげみず》」という言葉もあります。

梅雨には「陰性の梅雨」と「陽性の梅雨」があります。陰性の梅雨は、雨がシトシトと長い時間降り、梅雨の前半に現れやすくなります。一方、陽性の梅雨は、梅雨の後半に現れることが多く、ザーザー降りで局地的に大雨をもたらします。この陽性の梅雨により、過去にも多くの災害が発生しています。

平成11年（1999）の半夏生のころも、梅雨前線の活動が活発になったため、九州から東北にかけての広い範囲で大雨になりました。

とくに被害が大きくなったのが、広島県や福岡県です。記録的な大雨により、広島県では土砂災害、福岡県では都市部の浸水があいつぎました。6月22日から7月4日のあいだに、広島県だけで崖《がけ》崩れが186か所、土石流が139か所も発生。呉《くれ》市と広島市の山沿いの住宅街に被害が集中し、広島県だけで30人以上の方が亡くなっています。

福岡県では、大雨による川の氾濫《はんらん》などにより、床上浸水が約1500棟、床下浸水が約4300棟に上りました。とくに都市部での大雨は、下水道の処理能力を超えることがあり、浸水しやすい特徴があります。御笠川《みかさがわ》から博多駅にかけては土地が低くなっているために、博多駅周辺の地下街に濁流《だくりゅう》が流れ込み、溺死《できし》した人もいました。

このように、梅雨の後半に入る7月からは、集中豪雨が起こりやすくなるので、より注意が必要になります。

＊

局地的な豪雨は、スーパーコンピュータでも予測が難しいことがあります。

『ブリ網でメダカをすくうことはできない』

天気予報の精度は上がってきていますが、夏にひんぱんに発生する局地的大雨は、スーパーコンピュータでもあまり得意としません。非常に狭い範囲で、しかも短い時間に起こるため、ブリをすくうような目の粗《あら》い網で、小さなメダカをすくうようなものです。

たとえば、東京都という広い〝面〟での予報はできても、渋谷区という〝点〟での予報は、まだ難しいのが現状です。

しかし近年、〝網の目〟はだいぶ細かくなってきました。皆さんにぜひ活用していただきたいのが、気象庁のホームページにある「高解像度降水ナウキャスト」です。とくに、夏の局地的大雨の際に役立ちます。私もじっさいに予報をするときに使っていますし、日々の生活でも外出のときには、かならず見ています。

高解像度降水ナウキャストは、5分ごとの降水量と降水の強さの分布を、250メートル四方の細かさで、30分先まで予測することができます。平成26年（2014）8月より、運用が開始されました。

「降水ナウキャスト」そのものは以前からありましたが、これまでは網の目が1キロメートル四方と、きめ細かなものではありませんでした。それにくらべると、網の目がだいぶ細かくなっています。

現在の高解像度降水ナウキャストは、従来より、局地的な現象を予測できるようになり、小さな雨雲も見逃すことが少なくなっています。

こまめに高解像度降水ナウキャストを活用し、雨雲の接近を見逃さないようにしてください。

*

「きょうも上空に寒気《かんき》が流れ込み、大気の状態が不安定です」というフレーズを天気予報で耳にしたら、局地的大雨や雷雨に注意が必要です。大気の不安定な状態は、2〜

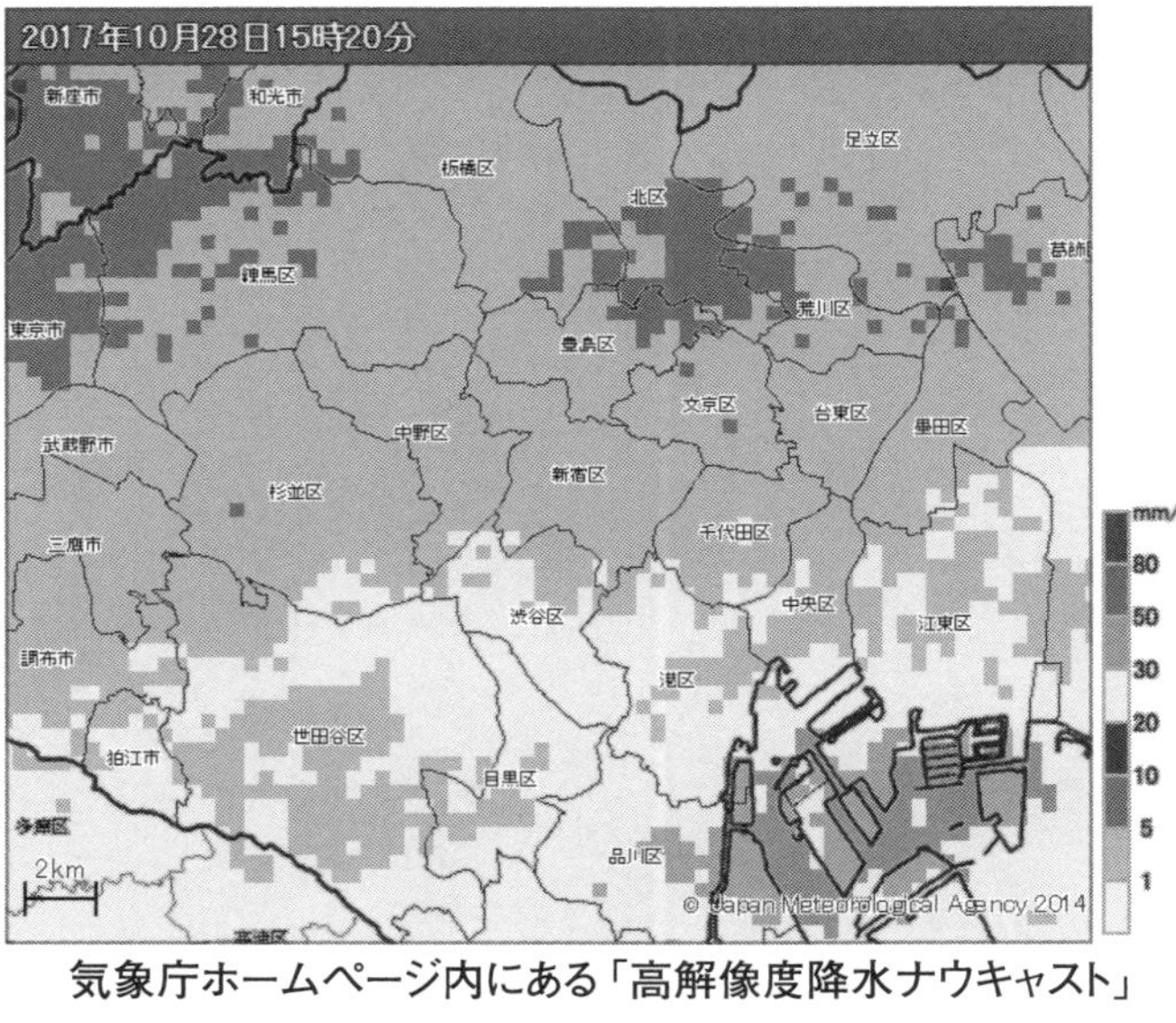

気象庁ホームページ内にある「高解像度降水ナウキャスト」

3日続くことがあります。

『雷三日』

夏に強い日差しによって地面が暖められ、その上空に寒気が流れ込むと、地上と上空の温度差が大きくなります。温度差が大きければ大きいほど、大気の状態は不安定になり、雷雲が発生しやすくなります。

その原因となる上空の寒気は、3日くらいかけて、ゆっくりと日本列島を通り過ぎていくため、雷は2~3日続くことが多くなります。太平洋側の地域は、7月から8月が雷の発生しやすい時期です。この時期は、夏休みの部活動や海水浴、登山など屋外で活動する機会が多いため、毎年のように、落雷による死亡事故が起こります。

平成26年（2014）8月6日、愛知県扶桑町《ふそうちょう》で、野球の練習試合中にマウンド上にいた男子高校生が被雷し、死亡しました。雷は平らな場所に落ちやすく、周囲よりも高いものに落ちやすい性質がありますが、開けた場所では、直接、人に雷が落ちることがあります。「直撃雷」と呼ばれるものです。

一方、木などに落雷し、そばにいた人に雷が飛び移ることもあります。これを「側撃雷」といいます。平成24年（2012）5月6日、埼玉県桶川市《おけがわし》で、木の下で雨宿りをしていた母と娘が被雷し、10日後に娘が亡くなるという事故がありました。

夏に、強い寒気が流れ込んだら、2～3日は雷に注意が必要です。

＊

また、夏は異常な暑さで命を落とすことも、最近は珍しくありません。熱中症も〝災害〟のひとつではないでしょうか。ひと夏に熱中症で死亡する人数は、年によっては、大雨や暴風の死者よりも多くなることがあります。

これまで、もっとも死者が多くなったのが、大猛暑になった平成22年（2010）です。この年に熱中症になった人は、梅雨入り前の5月、急に暑くなったころから増加しました。

そして、関東甲信の梅雨明けとなった7月17日以降、東京都心は35度以上の猛暑日が続き、熱中症の患者数が一気に急増しました。8月中旬にも暑さが厳しくなり、熱中症患者がふたたび急増しています。

熱中症のピークは、〝ふたこぶラクダ形〟といわれています。1度目のピークは梅雨明け直後、そして2度目のピークは夏の最高気温が出る8月上・中旬ごろです。暑さに慣れていない時期と、暑さが続いて体に疲れが出る時期に、熱中症になりやすい傾向があるといえます。

平成22年に熱中症で死亡した人数は、1700人超に上りました。このうち約80パーセントは、高齢者（65歳以上）でした。高齢者は汗をかきにくく、また、暑さやのどの渇《かわ》きを感じにくいという加齢による要因も大きいといいます。

さらに、温暖化や都市化によって、昔よりも気温が高くなっているのに、エアコンを使わないなど、昔ながらの暮らし方を通そうとしてしまうこともあるようです。家族など、周りの人に迷惑をかけたくないという心理的配慮も影響しているといわれています。

熱中症は、未然に防ぐことができる災害です。適切な予防法を知ることで、命を守ることができます。もし、熱中症になってしまっても、応急処置の知識があれば、命を助けることができるのです。

『暑熱順化《しょねつじゅんか》』

まず、夏を迎える前にできることは、体力づくりです。本格的に暑くなる前に、ウォーキングなど汗をかく運動をすることで、暑さに慣れていきます。これを『暑熱順化』といいます。

やや暑い日に、ややきつい運動を毎日30分、２週間程度行なうと、夏になる前に熱中症になりにくい体をつくることができます。また、効果的なのが牛乳です。運動の直後、30分以内に牛乳を1～2杯飲むと、熱中症対策に有効といわれています。

日常生活における予防法としては、体温の上昇を抑えることです。強い日差しを避けるために、日傘を差したり帽子をかぶったりして、日陰を選んで歩きましょう。

また、平成22年の場合、家庭における熱中症の死亡者が全体の半数に上りました。このデータが示すのは「屋内でも熱中症の危険がある」ということです。室内では、カーテンやすだれで直射日光を遮《さえぎ》り、我慢せずにエアコンを利用してください。

脱水を防ぐことも重要です。軽い脱水状態のときには、のどの渇きは感じません。水分はのどが渇く前に、30分ごとなど時間を決めて補給することが大切です。

秋に警戒したい気象

秋になっても暑さが続いて、熱中症になることがあります。

『秋のヤマジは池を干《ほ》す』

香川県や愛媛県のことわざです。「ヤマジ」とは南西の風のこと。秋になっても南西の風が吹いているときは、太平洋高気圧の勢力が強いときです。池を干すぐらいの日照《ひで》りが続くと、農作物に影響が出ることがあるので、農家は秋のヤマジを気にしていたのでしょう。

平年は、だいたい8月の終わりから9月のはじめになると、太平洋高気圧の勢力がしだいに衰《おとろ》えていきます。9月には秋雨《あきさめ》前線に主役が交代し、秋の長雨の季節になります。しかし、9月でも太平洋高気圧の勢力が強い状態が続くと、夏空と厳しい残暑が続きます。

平成22年の夏（6〜8月）は、北日本と東日本で〝観測史上もっとも暑い夏〟となりました。9月になっても太平洋高気圧の勢力が衰えず、真夏のような暑さが続きました。

9月4日、名古屋市では気温が38度まで上がり、9月としては、観測史上もっとも暑い記録になりました。中旬になるといったん猛暑は落ち着いたものの、22日には静岡市で36・3度を記録しています。この年、9月に熱中症で救急搬送された人数は7645人と、前年9月のおよそ7倍に達し、前年8月とくらべても多かったくらいです。

9月は、10月の運動会に向けて練習が行なわれる時期でもあります。秋になって、いったん涼しくなっても、暑さがぶり返したときには、熱中症に十分ご注意ください。

＊

また、秋といえば台風です。歴史に残るような台風は9月に多く襲来《しゅうらい》しています。

『二百十日は農家の厄日《やくび》』

二百十日とは、立春《りっしゅん》から数えて210日目、9月1日ごろにあたります。この時期は、稲の花が開いたり実が結んだりする、お米の成長にとって、とても大事なときですが、たびたび勢力の強い台風が襲ってきます。米農家にとって、9月の台風はとても迷惑なものですから、二百十日は「厄日」とされています。

昭和の三大台風も、9月の台風です。昭和9年（1934）の室戸《むろと》台風、昭和20年（1945）の枕崎《まくらざき》台風、昭和34年（1959）の伊勢湾台風は、すべて9月に日本に上陸し、大きな爪痕《つめあと》を残しています。ほかにも、洞爺丸《とうやまる》台風や狩野川《かのがわ》台風、第二室戸台風など、気象庁が命名した多くの台風が日本を襲ったのも9月でした。なぜ、9月に多く襲来するのでしょう。

9月になると、夏のあいだに日本を覆《おお》っていた太平洋高気圧が弱くなり、台風にとっての〝邪魔者〟がいなくなります。台風は南の海上からブーメランのように放物線を描《えが》きながら北上し、日本に近づくことが多くなります。

また、秋になると、台風を動かす上空の風である偏西風《へんせいふう》が本州付近まで南下するため、台風は強い風に乗って速度を上げ、一気に近づいてきます。

さらに、9月以降の台風は、秋雨前線の活動を活発にして、大雨をもたらす場合もあります。平成17年（2005）9月の台風14号も秋雨前線を刺激し、各地で記録的な大雨になりました。南海上にある台風の周辺から暖かく湿った空気が前線に流れ込んだため、まだ台風が近づく前なのに、大雨となったところがあったのです。

台風の月別の主な進路

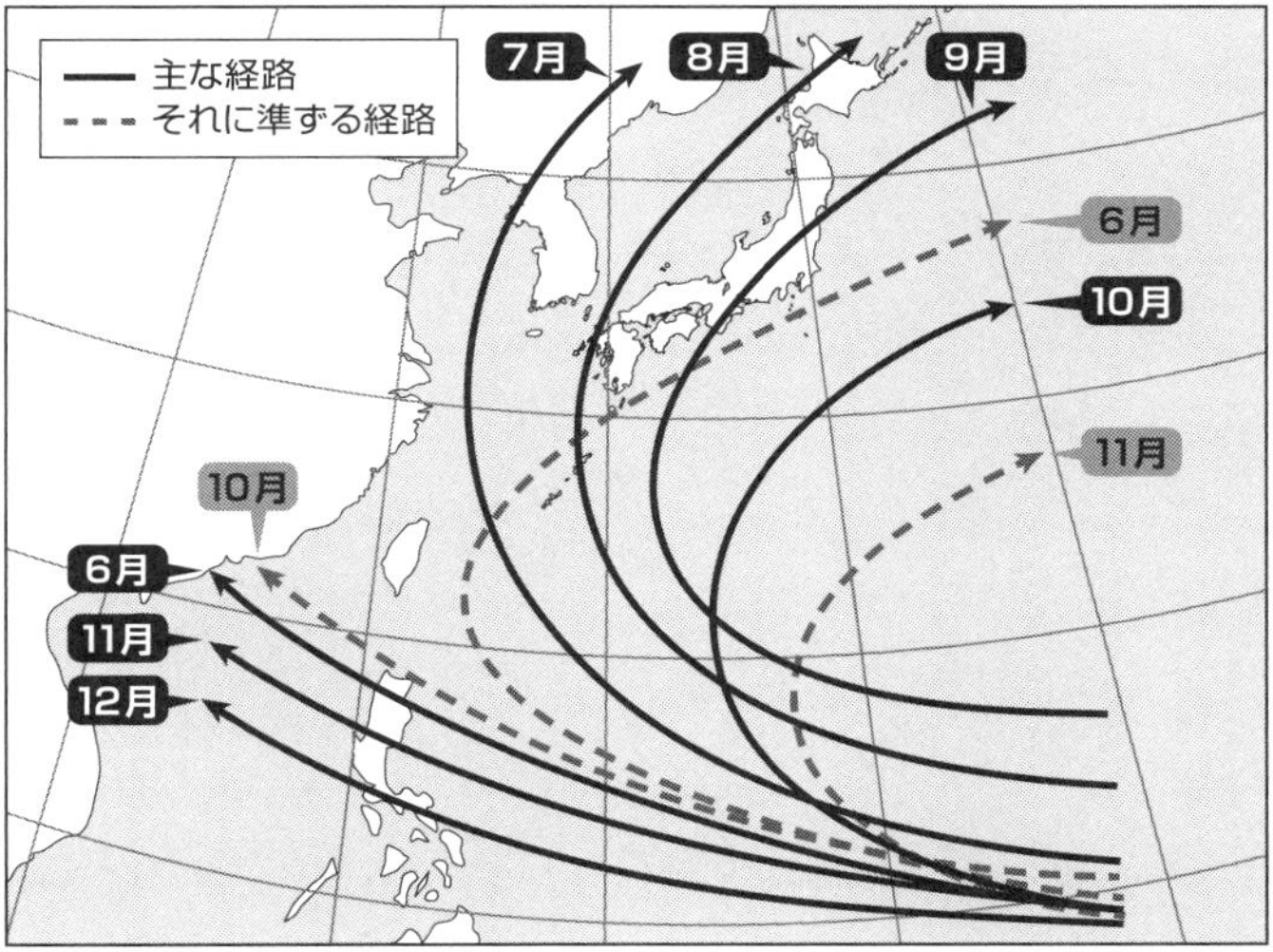

※気象庁ホームページを参考に作成

台風14号が沖縄の東の海上を北上しているころ、台風から遠い東京都や埼玉県、神奈川県では、1時間に100ミリを超える猛烈な雨が降りました。

埼玉県さいたま市南区では、道路が60センチメートルほど冠水し、動けなくなった車の様子を見に行った人が亡くなっています。東京都杉並区では善福寺川《ぜんぷくじがわ》が氾濫。場所によっては1・5メートルの高さまで水没しました。

このように、9月の台風は、大きな災害につながるおそれがあるのです。

＊

二百十日に台風が来なかったとしても、それ以降も油断するな、と注意を呼びかけることわざもあります。

『二百十日に風吹かなければ、二百二十日に吹く』

長野県に伝わります。二百二十日というと、9月11日ごろのことです。

台風は一般的に、夏から秋のはじめにかけて日本列島に近づくことが多く、上陸のピークは8月から9月です。10月になると台風の接近は少なくなりますが、それでも10月には、5年に1度のペースで日本のどこかに上陸しています。

10月に、台風が強い勢力を保ったまま日本列島に近づくこともあります。

平成16年（２００４）の台風23号は、10月20日に大型で強い勢力のまま高知県土佐清水市《とさしみず》に上陸。西日本各地で崖崩れや土石流が発生し、兵庫県や京都府を中心に、全国で90人以上が亡くなりました。

11月に台風が上陸したケースは、これまでに1度だけあります。統計開始以来、もっとも上陸が遅かった台風は、平成2年（１９９０）の台風28号です。11月22日にマリアナ諸島の南で発生し、同月30日14時ごろに和歌山県白浜町《しらはまちょう》の南に上陸しました。あと10時間、上陸が遅ければ、12月の上陸になっていました。

晩秋の台風であっても、その動きに注意してください。上陸したり、大きな被害を及ぼすことが十分に考えられます。

台風のハイシーズンが終わるころになると、日本列島が大陸の高気圧に覆われることが多くなり、爽《さわ》やかな秋晴れになります。しかし、秋は日没が急に早くなり、夕暮れ時にはなんだか切ない気持ちになるものです。

＊

『秋の日と娘は、くれぬようでくれる』

これは、「秋の日はなかなか暮れないようでいて急に暮れてしまう」ことと同じように、「娘も両親が大切にしていて、なかなか手放さないように思っても、駄目《だめ》もとで結婚を申し込むと、案外簡単に許しをくれるものだ」という洒落《しゃれ》のきいたことわざです。

あっというまに日が暮れるように感じる、という意味のことわざは、ほかに『**秋の日は釣瓶落《つるべお》とし**』があります。秋の夕暮れは、井戸に釣瓶がストンと滑《すべ》り落ちるように急に暗くなります。

急に暗くなるように感じるのは、こんな理由があります。夏至のある6月は、東京の日の入りは午後7時前後で、1か月のあいだの日の入り時刻の変化は、わずか10分ほどです。しかし、10月は、1か月で40分近く日の入りが早くなり、下旬には、午後4時台に日が沈みます。秋は一日一日の変化が大きいので、そのぶん、急に日が暮れるように感じるのでしょう。

この時期は、交通事故に注意が必要です。日没の前後は見通しが悪く、死亡事故が多くなるというデータもあります。車を運転する際は、早めにヘッドライトを点灯してください。

＊

秋が深まり、冬の足音が聞こえるようになると、そろそろ火事が多くなる季節です。

『三の酉《とり》は火事が多い』

三の酉とは、11月の終わりの「酉の日」のことです。11月の1度目の酉の日を「一の酉」、2度目を「二の酉」、3度目があるときは「三の酉」と呼んでいます。

二の酉までで終わる年と三の酉まである年があり、酉の日は12日ごとに巡《めぐ》ってくるので、一の酉が11月1日から6日のあいだにある年は、かならず三の酉もあることになります。

三の酉は、11月25日から30日にあたるので、秋も深まるころです。11月も下旬になると、西高東低の冬型の気圧配置が多くなり、とくに太平洋側では空気が乾燥するようになります。気温も低くなり、東京の朝の気温は、5～6度くらいまで下がります。

三の酉のころになると、暖《だん》をとるために火を使う機会が増えるため、火事が多くなります。晩秋に火の取り扱いに注意を呼びかける意味で、このような言い伝えが生まれたのでしょう。

また、女性の切ない気持ちにより、この言い伝えが広まったともいわれています。酉の日には、浅草の鷲《おおとり》神社などで酉の市が開かれます。鷲神社の近くには、かつて吉原遊郭があり、市が開かれる日には、帰りに男性が吉原に寄ることが多かったといいます。

夫の帰りを待つ妻は、月に3度もそのような機会があっては困るので、「三の酉は火事が多い」という言い伝えを広めることで、夫の早めの帰宅を促《うなが》したのではないかともいわれています。

冬に警戒したい気象

晩秋から初冬にかけて発生する日本海側の雷を「雪起こし」といいます。

『一つ雷、雪起こし』

このことわざは山陰の島根半島に伝わり、雪起こしは本格的な雪の季節を迎えるサインです。山陰は日本海側ですから、大雪になることもあります。最近では、平成22年（2010）から平成23年（2011）にかけての年末年始に、大雪になりました。

このときは、平地に大量の雪が降る、いわゆる「里雪型」（89ページ参照）でした。鳥取県米子《よなご》市では、12月30日にはまったく雪が積もっていなかったものの、翌31日には76センチと一気に積もり、1月1日には89センチの積雪が観測されました。同地での観測史上、もっとも多い積雪です。

また、里雪型ではありましたが、山沿いでもめったにないくらいの大雪になりました。鳥取県の大山《だいせん》は、中国地方の最高峰で、例年は11月ごろから徐々に雪が積もりはじめ、真冬には1メートル以上の積雪になります。

しかし、このときは一日で1メートル20センチの雪が降りました。鳥取県江府町《こうふちょう》奥大山のスキー場では、パトロールをしていた4人が雪崩に巻き込まれて亡くなっています。

鳥取県の国道では約1000台の車が立往生するなど、交通機関もまた、大きく乱れました。さらに、雪の重みで農業用施設の倒壊や漁船の転覆もあいつぎました。気温が0度前後と高めであったことから、水分を多く含んだ重たい雪になったことや、短い時間に一気に雪が降ったことなどが、被害を大きくした原因となりました。

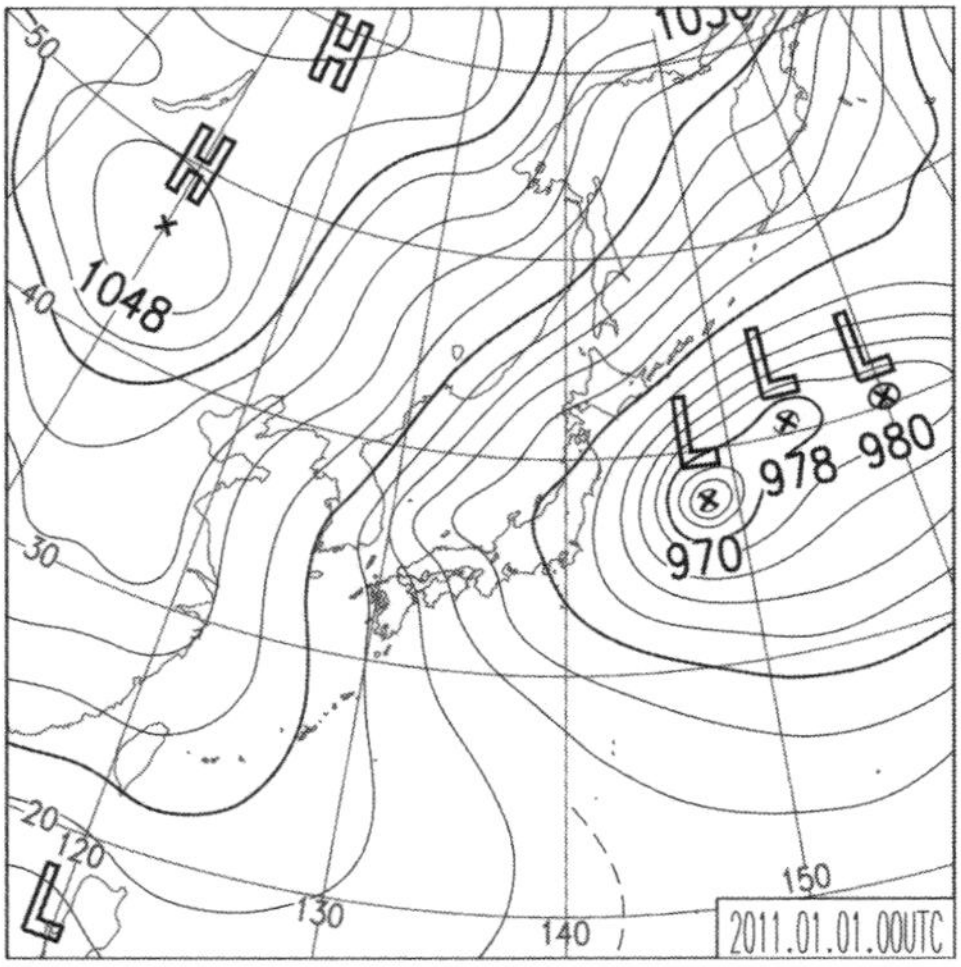

平成23年1月1日9時の天気図
（原典：気象庁「天気図」、加工：国立情報学研究所「デジタル台風」）

寒さが厳しくなってくる時期、大きな雷の音が聞こえたら、そろそろ大雪に備えてください。

＊

真冬になると、西高東低の冬型の気圧配置が何日も続くようになります。1週間ぐらい続くこともあり、日本海側では冬の嵐が長引きます。

『雪荒れ七日』

〝56豪雪〟では、昭和55年（1980）12月から昭和56年（1981）2月にかけて、冬型の気圧配置が強弱をくり返しながら長く続き、北陸や東北を中心に大雪になりました。

この大雪は、雪崩の被害があいついだのが特徴です。新潟県守門村《すもんむら》（現：魚沼《うおぬま》市）では、幅200メートル、長さ800メートル、厚さ4メートルの大規模な表層《ひょうそう》雪崩が発生。農家7棟を襲い、生き埋めになった8人が犠牲になりました。

また別の日には湯之谷村《ゆのたにむら》（現：魚沼市）で、全層《ぜんそう》雪崩が発生。特別養護老人ホームと民家がのみ込まれ、6人が死亡する被害もありました。

雪崩は、「表層雪崩」と「全層雪崩」に分けられます。表層雪崩は、真冬の寒い時期に発生しやすく、これまで積もった雪の上に数十センチの雪がさらに積もったときに、新たに積もった雪が滑り落ちる現象です。

そのスピードは時速１００〜２００キロメートルと、新幹線なみの猛スピードになります。破壊力も大きく、鉄筋コンクリートの建物を破壊するほどの力になることもあります。雪崩の死者は、９割が表層雪崩によるものです。

一方、全層雪崩は、春先に起こることが多い現象です。雪解けにともない、積もった雪のすべてが滑り落ちます。暖かい日や雨の日に、積もった雪と地面とのあいだにできた隙間《すきま》に雪解け水が流れることで起き、スピードは時速40〜80キロと、自動車なみといわれています。

山沿いの地方にお住まいの方は、真冬に冬型の気圧配置が長く続くときは表層雪崩に、春先に暖かくなった日は全層雪崩に注意してください。

＊

岐阜県飛騨《ひだ》市には、雪崩のことわざがあります。

『口笛も吹くな、あわが来るぞ』

「あわ」とは、表層雪崩のことです。もちろん、口笛を吹いただけでは雪崩は起こりませんが、もろく崩れやすい層があると、ちょっとしたきっかけでも雪崩が発生することがあります。

表層雪崩が発生した付近では、結晶の結合が弱い、「弱層」と呼ばれる雪の層があることが多く、その上に新たに雪が積もると、その重みで弱層が崩れ、雪崩が発生すると考えられています。

平成29年（2017）3月、栃木県那須町《なすまち》のスキー場で、ラッセル訓練中だった高校生ら8人が雪崩に巻き込まれ、亡くなりました。この現場でも、深さ20～30センチのところに弱層が見つかりました。この弱層が崩れたことにより、雪崩が発生したとみられています。

弱層は、低気圧が山の南側を通る場合、いわゆる南岸《なんがん》低気圧（82ページ参照）が通過する際につくられることが多く、同様の気圧配置のときに、過去に何度も雪崩が発生しています。

平成27年（2015）1月、新潟県妙高《みょうこう》市の粟立山《あわだちやま》で、スノーボードをしていた男性が雪崩に巻き込まれて死亡した事故も、弱層が雪崩を引き起こしています。

雪山の登山、またはスキー、スノーボードを楽しむときは、かならず天気図を確認しておきましょう。南岸低気圧が予想されているときは、表層雪崩のおそれがあります。

＊

一方、関東の平野部は、冬は著しい乾燥に注意する必要があります。冬型の気圧配置のとき、関東は真っ青な空が広がります。

しかし、冷たく乾いた肌を突き刺すような風が強く吹きます。

『冬は三国《みくに》おろしが恐ろしい』

冬の季節風が発生するしくみ

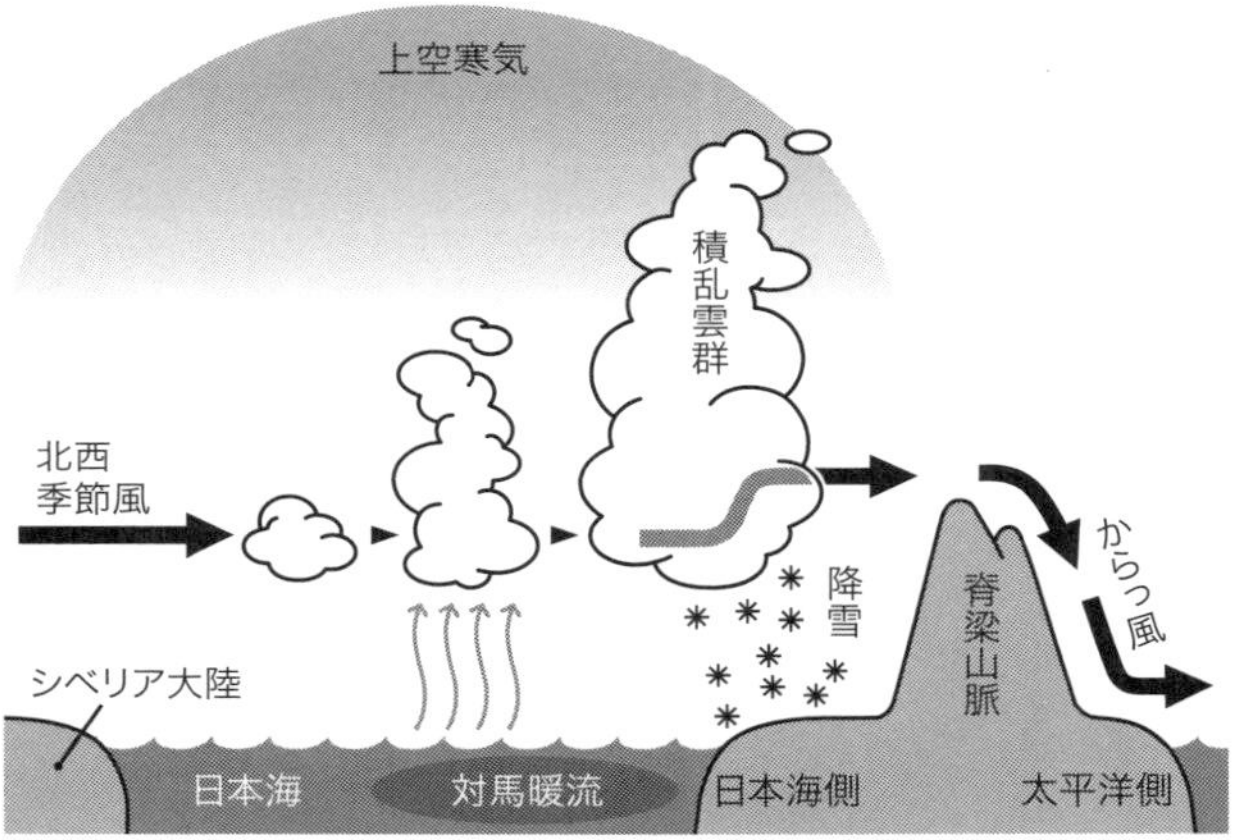

※松江地方気象台ホームページを参考に作成

これは群馬県のことわざで、「三国おろし」とは三国峠を吹き下りてくる冷たく乾いた風です。三国峠は、新潟県湯沢町《ゆざわまち》と群馬県みなかみ町の境を越える峠で、冬は北西の季節風が新潟県からこの峠を越えて、群馬県側に吹き下ります。

この風は、群馬県だけでなく、関東各地に吹く風で「からっ風」とも呼ばれます。からっ風のせいで、空気がカラカラに乾燥するのです。

大陸から吹く北西の季節風は、暖かい日本海を渡る際に水蒸気をもらい、雪雲を発生させます。そして、日本海側に雪を降らせたのち、山を越えると、太平洋側には乾燥した冷たい風が吹き下ります。乾燥が著しくなると麦が育たなくなるため、「三国おろしは恐ろしい」ともいわれています。

冬の太平洋側は、火事も多くなります。江戸時代には、歴史に残る大火事がありました。明暦《めいれき》3年（1657）3月2日に起こった明暦の大火は、江戸三大大火のひとつとされています。その死者は10万人以上に上りました。

当時、江戸では80日近く雨が降らず、乾燥した状態が続き、火事が発生した日も北西の強い風が吹いていたそうです。現在の文京区本郷《ほんごう》付近で発生した火事は、乾いた強風により、湯島から神田、八丁堀《はっちょうぼり》、佃島《つくだじま》など江戸の広い範囲に広がりました。

その翌日には、小石川《こいしかわ》からふたたび出火し、飯田橋、さらには江戸城にまで火の手が及んだといいます。

明暦の大火のあとに、さまざまな防火対策がとられましたが、そのひとつが「定火消《じょうびけし》」でした。大火の翌年の万治《まんじ》元年（1658）に、幕府によって、現在の消防署の原形がつくられることになります。

定火消は、飯田橋や市谷《いちがや》、御茶ノ水、麴町《こうじまち》といった、江戸城の北西の方向に多く置かれました。北西風により、火事が江戸城まで広がるのを防ぐための対策だったということです。

火事に注意が必要な日には、気象庁から乾燥注意報が発表されます。火の取り扱いには十分に気をつけてください。

気象予報士を目指したきっかけ

私が気象予報士を目指そうと思ったのは、農家だった祖父の影響が大きいのかもしれません。

祖父は、梨をつくっていました。私の出身地の埼玉県は梨の産地が多く、8月のはじめには「幸水《こうすい》」という甘くてシャリシャリした品種の梨がとれ、8月のお盆過ぎから9月にかけては、酸味があって柔らかい「豊水《ほうすい》」という梨がとれます。

毎年、夏休みには自分で皮を剝《む》いて、一日に何個も好きなだけ食べられるので、とても楽しみでした。夏バテをしたことがなかったのは、祖父がつくった梨やスイカで水分補給ができていたからなのかもしれません。

私が小学5年生だった年の夏、ひょうが降り、祖父の梨農園は大きな被害に見舞われました。

祖父が愛情を込めて育ててきた梨に、ひょうが叩《たた》きつけるように降りました。ひょう除《よ》けのネットを張っていましたが、突風にあおられてしまって役に立たなかったそうです。

梨は傷だらけになって、ほぼ全滅でした。味には問題がなくても、少し実に傷がついただけで売り物にならなくなってしまいます。ふだん、弱音を吐《は》かない祖父が、このときばかりは肩を落としていました。悲しげな祖父の顔は、今でも忘れられません。

大学生になって、将来、どんな職に就《つ》こ

うか考えていたとき、ふと、この記憶が蘇《よみがえ》ってきました。

祖父の悲しい顔をもう見たくありません。天気を変えることはできないけれど、予報することはできるのだから、祖父の役に立つのではないかと考えたのです。

また、大学1年生だった平成18年（2006）は、平成18年豪雪など、気象災害の多い年でした。

自分の将来を考えたとき、「このような災害から、ひとりでも多くの命を助けることができる存在になれたら」とも思い、気象予報士を目指すことにしたのです。

思い出を色濃くしてくれる雨

「好きな天気は？」と聞かれたら、あなたはなんと答えますか？

「好きな天気は雨です」と答える人は少ないように思いますが、私は雨が一番好きな天気です。

もちろん大雨は困りますが、シトシトと優しく降る雨は好きです。辺《あた》りが白っぽくなって街の情景がぼんやりする感じ、雨粒が傘にポツポツと規則的にあたる音、土やアスファルトが潤《うるお》う匂い、窓を開けるとふんわり入ってくる湿り気……どれも好きなものです。

よく「ヘンだね」と言われてしまいますが、これまでの人生を振り返ってみると、雨を好きにならざるを得なかったのかもしれません。大切な日には、いつも雨が降っているからです。

思い出の写真は、青空よりもグレーの空、傘を差した写真が多いような気がします。

大学の卒業式も、冷たい雨の一日でした。晴れ着もびしょ濡れになってしまい、せっかくセットしてもらった髪も台無《だいな》しに。

その数日前の卒業旅行も雨でした。友人と温泉旅行に行きましたが、めったにないような大雨の日を選んでしまい、露天風呂に入っていても、温泉に浸《つ》かっているのか、雨に浸かっているのかわからないくらいでした。

それでも、雨は思い出を色濃くしてくれます。今でも、友人と思い出話をするときに、雨の日のエピソードは、かならずお腹を抱《かか》えて笑うほど盛り上がります。

大学の卒業式も雨

6章 こんな天候の年はいずれ異変が…

体感から用心する

真冬の時期に、半年先の真夏の暑さを予知するということわざがあります。超長期予報です。

『寒《かん》きつければ土用《どよう》きつし』

これは、冬に寒さが厳しければ、夏の土用のころに暑くなるという意味です。ほかにも、同様の意味のことわざがあります。

『冬の寒気《かんき》強ければ翌夏に暑気《しょき》強し』

『冬より春にかけて寒さ長引けば酷熱来る』

極端な天候が続けば、生活や農作物に大きな影響が出ることから、注意を払っていたのでしょう。

これ以外に、暑さに関することわざがないかどうか探しましたが、ほとんど残されていません。昔は暑さによる死者は、大雨や暴風、寒さなどにくらべると、それほど多くなかったと推測できます。近年は、温暖化や都市化により猛暑に見舞われることが多く、熱中症で命を落とす人も増えています。

全国「暑さ」ランキング

順位	都道府県	地点	観測値	
			℃	起日
1	高知県	江川崎	41	2013年8月12日
2	埼玉県	熊谷	40.9	2007年8月16日
〃	岐阜県	多治見	40.9	2007年8月16日
4	山形県	山形	40.8	1933年7月25日
5	山梨県	甲府	40.7	2013年8月10日
6	和歌山県	かつらぎ	40.6	1994年8月8日
〃	静岡県	天竜	40.6	1994年8月4日
8	山梨県	勝沼	40.5	2013年8月10日
9	埼玉県	越谷	40.4	2007年8月16日
10	群馬県	館林	40.3	2007年8月16日
〃	群馬県	上里見	40.3	1998年7月4日
〃	愛知県	愛西	40.3	1994年8月5日

猛暑日という言葉ができたのも、じつは最近です。平成19年（2007）に、35度以上の日のことを「猛暑日」とすると気象庁で制定されました。40度以上の暑さには、とくに名前はついていません。

観測史上、もっとも暑くなったのは高知県四万十《しまんと》市西土佐江川崎《えかわさき》で、平成25年（2013）8月12日に41度まで上がりました。東京都心は、39・5度がこれまでの最高気温で、40度を超えたことはありませんが、将来、全国的に40度以上の暑さが稀《まれ》ではなくなってしまうと、新たな言葉ができる可能性もあるでしょう。

夜の暑さについても、同じことがいえます。夜間の最低気温が25度を下回らないことを

「熱帯夜」と呼びますが、30度を下回らないときの呼び名はありません。

しかし、東京都心では、平成25年8月10日の夜から11日の朝にかけて、30度を下回りませんでした。この先、温暖化や都市化が進めば、30度以上の夜も珍しくなくなってしまうかもしれません。

将来、今より暑くなり、しかも高齢化社会が進むとなると、熱中症による死者はさらに増えることが考えられます。そこで、私が暑さを予想するときに、気にしていることをこの本に残そうと思います。

『台風が近づくと猛暑』

夏の暑さの鍵を握るのは太平洋高気圧。その太平洋高気圧を強める一因になるのが、台風です。台風の中心付近は強い上昇気流ですが、周辺では空気が下降しています。そして、高気圧は下降気流です。台風の周辺で下降した空気が高気圧の勢力を強め、暑くなるというしくみです。真夏に台風が接近する前は、猛烈な暑さになることが多くあります。

『秩父からの風は高温』

フェーン現象（212ページ参照）の影響で、極端に気温が上がることがあります。私の出身地の埼玉県では、フェーン現象の影響を受けることが多く、西寄りの風、つまり秩父のほうから風が吹くと、山越えの風になるため、夏には危険な暑さになることがよくあります。埼玉県熊谷市における最高気温の記録は40・9度です。このときも西寄りの風が吹き、経験したことがないくらいの猛暑になりました。

＊

涼しい夏は体が楽に感じますが、農作物などに大きな影響が出ます。

『夏の東風は凶作、冷害』

平成29年（2017）8月は、関東や東北で何日も北東の風が吹き、仙台や東京は日照時間がもっとも少ない8月になりました。オホーツク海高気圧が強かったのが原因です。きゅうりやトマトは生育に遅れが出るなどして、夏野菜の価格が値上がりしました。この年は、東北の梅雨明けの時期が特定されず、夏らしくない夏になりました。

全国的に冷夏になった年もあります。大冷夏というと、平成5年（1993）の〝平成のコメ騒動〟を思い出す方が多いのではないでしょうか。当時、小学1年生だった私は、その深刻さを理解していませんでしたが、給食でタイ米を食べたことや、米や梨を栽培していた祖父が肩を落としていた記憶があります。

この年は、九州から東北にかけて梅雨明けが特定されませんでした。平年では、九州南部で

7月中旬に、7月下旬には東北北部まで梅雨が明けます。しかし、この年は8月になっても本州付近に前線が停滞し、オホーツク海高気圧が強かったため、雨が多くて日照時間が少なく、気温の低い状態が続きました。

加えて、7月には台風が3個上陸、8月には2個の台風が接近しました。九州から北海道にかけての広い範囲で冷夏になりましたが、とくに東北の太平洋側は著《いちじる》しい低温でした。仙台では、8月に30度以上の真夏日になったのは、わずか1日のみ。低温や多雨、日照不足により、大凶作に見舞われました。

青森県の下北《しもきた》半島付近では、作況指数が「皆無」を示すゼロになりました。米が値上がりしたのはもちろんのこと、盗難があいついだり、海外の米が緊急輸入されるなど、大きな社会問題となりました。

これを機に、農林水産省は米の備蓄《びちく》をはじめました。今では不作が2年連続しても安定供給ができるように、年間100万トン程度の米を蓄《たくわ》え、米不足に備《そな》えています。

さらに時代をさかのぼると、冷夏は人の命を奪うものでした。歴史上、深刻な飢饉《ききん》というと、江戸時代の「天明《てんめい》の大飢饉」（1782〜1787）がそのひとつです。とくに天明3年（1783）、東北は夏でも「綿入れ」という防寒用の着物を着るほどの低温に見舞われ、やはり大凶作に陥《おちい》りました。

雑穀《ざっこく》や草木の芽など、食べられるものはすべて食料にしたそうですが、それでもこの大飢饉による死者は、東北で10万人（100万人という説も）に上ったといいます。

生き物が知らせる天災のきざし

生物の行動により、数か月先の天候を予知することわざも多く残っています。

『鳥が木の高いところに巣を作る年は洪水あり』

大雨による洪水の多い年には、鳥は前もって洪水の影響を受けにくい高いところに巣をつくるということわざが残っています。科学的には証明できないものが多いですが、生物は命がけで天気を予知しているはずです。

ほかにも、鳥が先々《さきざき》の天候を教えてくれるようなことわざがたくさんあります。

【大雨の予知】

『山ツバメが雨中に多く出て、低く飛ぶのは長雨の兆し《きざ》』

『ハチが石垣に巣をかける年は長雨あり』

【暴風の予知】

『足長バチが木の低いところに巣を作る年は風が多い』

『カラスの巣が山奥の沢の木の下に作られていれば、夏は寒くて風が強い』

【大雪の予知】

『秋に赤トンボの多い年は雪が多い』

『カエルが初冬に土のなかに深く冬眠すると大雪』

『シカの早く鳴きやむ年は雪多し』

『早秋ネズミのさわぐ年は雪多し』

気象庁からは、毎月25日頃に三か月予報が発表されます。三か月予報は日々の予報ではなく、大まかな天候の傾向が、平年とくらべてどのくらいずれているかを予測するものです。

たとえば、春には梅雨から夏の時期の予報が出ます。その年の梅雨に大雨になるかどうかや、夏に猛暑になるかどうかなどの傾向がわかるので、早くから備えることができます。

＊

大風が吹くような年は、果物は多少実が落ちてもいいように、あらかじめ多めに実をつけるだろうといわれています。ナシやリンゴ、カキなどが実る時期は、台風シーズンです。時に実を木から落とすような暴風が吹き荒れることもあります。

『ナシ、カキ鈴なりに実る年は大風あり』

果物に大きな被害を与えた台風といえば、２章でも紹介した「リンゴ台風」があります。平成３年（１９９１）の台風19号は、９月27日に非常に強い勢力のまま長崎県佐世保《させぼ》市に上陸したあと、加速しながら日本海に進み、時速約１００キロメートルの猛スピードで駆け抜け、28日には、北海道に再上陸しました。

台風の右半円は、とくに風が強まりやすい特徴がありますが、このとき、日本列島の広い範囲が右半円のなかに入りました。青森県では、暴風により、収穫前のリンゴが落下する被害に見舞われました。収穫予定の50万トンのリンゴのうち、35万トンが落下したといいます。また青森市では28日に、最大瞬間風速53・９メートルの暴風が観測されています。青森市の観測史上、もっとも強い風です。

全国的にも風が強まったため、木が倒れたり、石や瓦《かわら》が飛ばされるなど、飛来物《ひらいぶつ》や落下物の直撃を受けた多くの人が亡くなりました。この台風による死者・行方不明者は、60人に上っています。

花も、台風が多く近づくような年には、大風に耐えられるように、花付きが多くなるのではないかといわれています。

＊

『デイゴの花が、いつもより咲く年は台風が多い』

沖縄本島のことわざです。デイゴは、日本列島では沖縄が北限とされている真っ赤な色をした花で、春から初夏に咲きます。那覇では、4月はじめに開花します。THE BOOMの『島唄』にも、「デイゴが咲き乱れ　風を呼び　嵐が来た」とあります。

沖縄は毎年、数多くの台風が近づくため、大風を予知することわざがたくさん残されて

沖縄に咲くデイゴの花（提供：田地香織）

います。

『ハチやクモが巣を低くつくれば大風』

『トンボが乱れ飛ぶと台風の兆し』

『ツバメが群集すれば台風の兆し』

『東の海の高鳴りは暴風の兆し』

沖縄は、年間の台風の接近数が平年で7・4個と、全国トップの多さになっています。ちなみに、関東甲信は3・1個、北海道はもっとも少なく、1・8個です。

また、沖縄には勢力の強い台風が近づくことが多いのも特徴です。台風は、海面水温が27度以上の海域で発達しやすいといわれていますが、沖縄近海は6月から10月ぐらいまで、この条件に当てはまっており、猛烈な勢力を保ったまま台風がやってくることもあります。

＊

海が暖かいとクラゲが多くなります。それは大雪のサインです。

『クラゲが多い年は大雪あり』

最近は温暖化により、クラゲが現れる季節も、これまでと変わりつつあるようです。ミズクラゲは春から秋によく見られますが、瀬戸内海では真冬でも見られるようになっているといいます。

クラゲが多いときは海水温が高くなっていることがあり、そんな年は日本海で雪雲が発達しやすくなります。海水温の上昇にともない、蒸発する水蒸気の量も増えるので、上空に強い寒気が流れ込んでくれば雪雲が発達し、〝ドカ雪〟になることもあります。

すでにこの100年でも、海面水温が上昇しています。日本近海の海面水温は、平成28年（2016）までのおよそ100年間で、1・09度上昇しました。世界全体の海面水温は0・53度の上昇ですから、それよりも高い上昇率になります。

日本近海のうち、とりわけ日本海中部では1・7度も上昇し、とくに暖かくなっています。さらに、季節によっても上昇率が異なります。冬の上昇率がもっとも高く、日本海中部では2・3度も上昇しています。

海水温が今後も高くなることで、短い時間に雪が強く降る〝ドカ雪〟や、大雨など極端な気象現象が多く発生することが考えられます。温暖化によって気温も上がるため、雪ではなく雨が降りやすくなり、総降雪量こそ減ると予測されていますが、ドカ雪は、とくに北陸の山沿いなどで増える可能性があるといいます。

平成29年7月九州北部豪雨も、東シナ海の海面水温が平年より1～2度高かったことが要因ではないかという指摘がありました。

また、海洋の温暖化による生態系への影響も懸念《けねん》されています。サンゴ礁《しょう》の減少もそのひとつです。サンゴは高温に弱く、日本沿岸のサンゴ礁は、2020〜2030年代には半減し、2030〜2040年代には全滅する予測になっています。

さらに、漁場も大きく変化しています。数十年前は、東シナ海や瀬戸内海など西の海で獲《と》れたサワラですが、海水温の上昇にともない、1990年代後半以降は、日本海が主な漁場になっています。

今後も海水温が上がり続けると、さらに影響が大きくなりそうです。

留意しておきたい空模様

小寒から大寒にかけての期間を「寒中《かんちゅう》」と呼び、一年でもっとも寒い時期です。寒中のはじまりの日のことを、寒《かん》の入《い》りといいます。毎年1月5日ごろにあたります。

『一月の寒の入りに雷鳴《らいめい》あれば大雪あり』

寒の入りのころに雷鳴が多く聞こえるようなときは、大陸のシベリア高気圧がいつもの年より強い年です。

シベリア高気圧が強いと、日本付近は冬型の気圧配置が強まる傾向があり、強い寒気が流れ込みやすく、大雪になる可能性も高くなります。

寒の入りの雷は、その後も寒気が流れ込みやすいかどうか、つまり、大雪になるかどうかの目安になります。

平成24年（2012）12月から平成25年（2013）2月にかけては、北日本の日本海側を中心に大雪になりました。この冬は、シベリア高気圧がいつもの年よりも強く、北日本を中心に冬型の気圧配置が強まりました。

また、偏西風《へんせいふう》が日本付近で南に蛇行《だこう》していたため、大陸からしばしば強い寒気が流れ込み、雪の量が著しく多くなりました。豪雪地帯として知られている青森市の八甲田山《はっこうださん》系の酸ヶ湯《すかゆ》では、2月26日に観測史上もっとも多い5メートル66センチもの積雪が観測されています。

＊

大雪は、冬の生活に大きな影響を及ぼしますが、雪が極端に少ないと、今度は夏の生活に影響します。

『大雪は豊年のしるし』

雪が十分に降れば、雪解け水でダムが潤《うるお》うので、夏になっても水不足になりにくく、田んぼにも畑にも十分に水をやることができます。

一方、雪不足の年は、雪解け水に頼ることができず、水不足になることがあります。その上、春以降も雨が少ない状況が続くと、大渇水《だいかっすい》になることもあります。

平成27年（２０１５）の冬から平成28年（２０１６）の春にかけては、関東などで雪不足と少雨になりました。利根川の上流域である群馬県みなかみ町藤原では、12月から2月までの降雪量が平年の約６割にとどまりました。

さらに、平成28年の５月は雨が著しく少なくなり、藤原での降水量は、平年の約４割に。これらの影響によって、利根川水系の８つのダムの貯水量は、この時期としては過去25年間で最低となり、首都圏では翌６月から10パーセントの取水制限がはじまりました。幸い、その後は取水制限が20パーセント以上へと引き上げられることはなく、深刻な水不足にはなりませんでした。

このように渇水の被害が大きくならないよう、取水制限や給水制限が実施されることがあります。取水制限は、10パーセントなら日常生活に大きな影響は出ませんが、自治体によっては、公園などの水道の圧力が低くなることがあります。

取水制限が20パーセントになると、公園の水道や噴水が止められたり、高台の住宅では水の出が悪くなったりします。

そして、30パーセントになると、プールの使用が中止になったり、平地の住宅でも水の出が悪くなったりすることがあり、生活に影響が及ぶようになります。

さらに深刻な状況になると、給水制限が行なわれます。給水制限は、減圧給水と時間給水の二段階になっており、まず行なわれるのが減圧給水。蛇口から出る水の量が少なくなります。つぎに、時間給水が行なわれ、水が出る時間が制限されます。

近年で顕著《けんちょ》な渇水というと、思い浮かぶのが平成6年（1994）の夏です。私の通っ

平成17年の渇水時に姿を現した旧大川村役場（提供：大川村役場）

ていた小学校でも、夏休みのプールの開放日がなくなったりして、とても残念に思った記憶があります。

この夏は、九州から関東にかけての広い範囲で、大渇水に見舞われました。給水制限が実施された地域も多く、四国の早明浦《さめうら》ダムは水が底をつき、周辺の地域では時間給水が行なわれました。

ふだんはダムの底で水に浸《つ》かっている旧大川村役場も姿を現しました。旧大川村役場の出現は水不足のサインです。前ページの写真にあるように、平成17年（２００５）に出現したときも渇水になっています。

水不足の際は、節水を心がけてください。洗濯に風呂の残り湯を使えば、１回で50リットルの節水になります。シャワーも出しっぱなしにしないようにしましょう。１分間で約12リットルもの水が流れています。

食器洗いの際も、食器についた油を拭《ふ》き取ってから洗うと、節水だけでなく洗剤も節約できます。ちょっとした心がけで、簡単に節水ができます。

「予報士泣かせ」の天気とは

夏の局地的大雨や線状降水帯、南岸低気圧による関東の雪……どれも予報がとても難しい天気です。

なかでも、放送直前まで頭を悩ますのは、関東の雪の予報です。南岸低気圧による関東の雪は、気温1度の違いで予報が大きく変わります。とても繊細《せんさい》な予報です。

ふだん、予想最高気温がじっさいの気温と1度違っても、気にする人はそうはいないでしょう。しかし、雪の可能性があるときは、この1度が命取りになります。

20~30ミリの降水が雨で降るぶんには問題ありませんが、気温が1度低くなって雪に変われば、大雪になります。東京では数センチの積雪になっただけでも、電車が遅れたり、転倒する人が多くなったりします。それだけ雪に慣れていないのです。

関東の雪の予報の難しさは、これにとどまりません。当日でも予報が当たらないことがあるのです。じっさいに降りはじめてからでないと、見通しが立たないこともあるくらいです。

そこで、情報を伝える側は、予報に幅があるときには、いくつか仮説を立て、その幅をきちんと伝える必要があります。

雪の予報に幅がある場合は、最悪の状況を想定し、なるべく被害が少なくできるように備えをしてください。

そして、最新の情報も定期的に確認していただきたいと思います。

お便りは、私の活力です

テレビやラジオで天気予報をしていて、一番うれしいのは、視聴者やリスナーの方から、お便りをいただくことです。

ある日、私の担当しているNHKラジオ第一『先読み！夕方ニュース』の天気予報で、「月が金星と火星に近づいて見えます」という天体の話をしたことがありました。

すると、放送後に6歳のお子さんから、「みえたよ‼　きらきらだったよ」という可愛いイラスト付きのファックスをいただき、とても癒《い》やされました。

こんなお便りをいただいたこともあります。平成28年（２０１６）の熊本地震の数か月後に、「地震のあと、しばらく外で避難

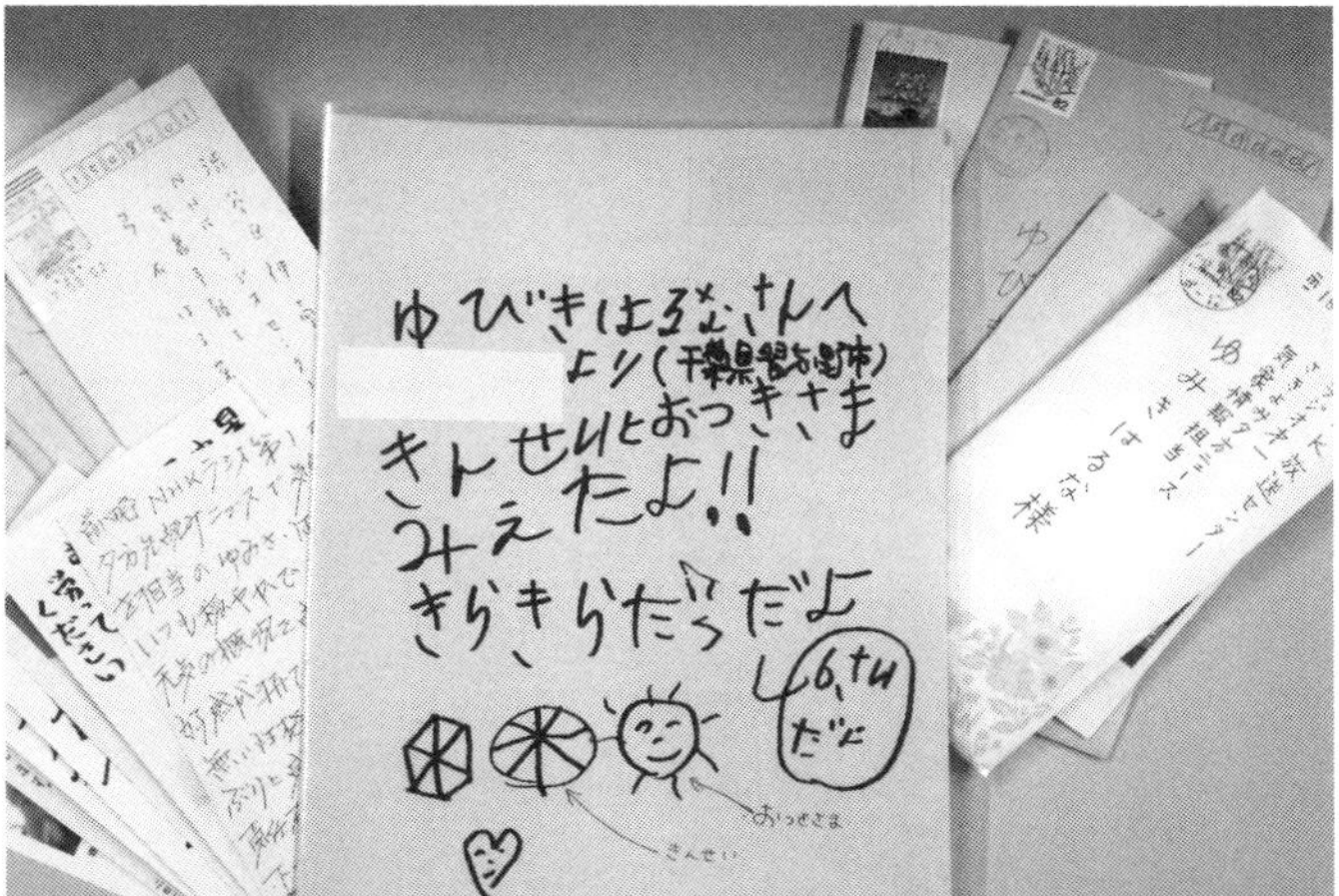

リスナーの方からいただいたお便り

生活をしていたから、天気予報が役に立った」という内容のお手紙が送られてきました。私の放送が、微力《びりょく》ながら役に立っていることを知り、より役に立つ情報を伝えなければ、と心が奮《ふる》い立ちました。

また、気象予報士を目指している大学生から、「どうしたら、気象キャスターとして活躍できますか?」というお便りをいただいたこともあります。同じ職業を目指す若い人がいることがとても嬉しく、「目標にしてもらえるような仕事をしたいな」と活力になりました。

気象キャスターとリスナーの方との関係は、放送では、どうしても〝一方通行〟になってしまいます。でも、お便りをいただくと、まるでリスナーの方と直接会話をしているような気分になることができ、本当に嬉しいものです。

7章 要注意の気象に見舞われる土地

雨が強まる地

南東風が吹きつける太平洋側の地域は、大雨に襲われやすく、たびたび大きな災害に見舞われます。

『南東風は大水注意』

台風や発達した低気圧が南の海上から近づくと、南東の風が強く吹きます。暖かく湿《しめ》った風が山の斜面にぶつかると雨雲が発達し、大雨になります。

全国の降水量ランキングの上位は、西日本や東日本の太平洋側に多くなっています。たとえば、宮崎県えびの高原は、年間降水量の平年値は約4390ミリ、三重県尾鷲《おわせ》市は約3850ミリ、神奈川県箱根町で約3540ミリと、いずれも南東の風の影響を受けやすい地域です。東京都心は約1530ミリですから、えびの高原は、東京の3倍近い雨が降っていることになります。

えびの高原で、これまでもっとも降水量が多かった年は、平成5年（1993）です。年間降水量は、平年の約2倍にあたる8670ミリに達しました。この年の梅雨は、活発な梅雨《ばいう》前

「年間降水量」ランキング上位の降水量(平年値)

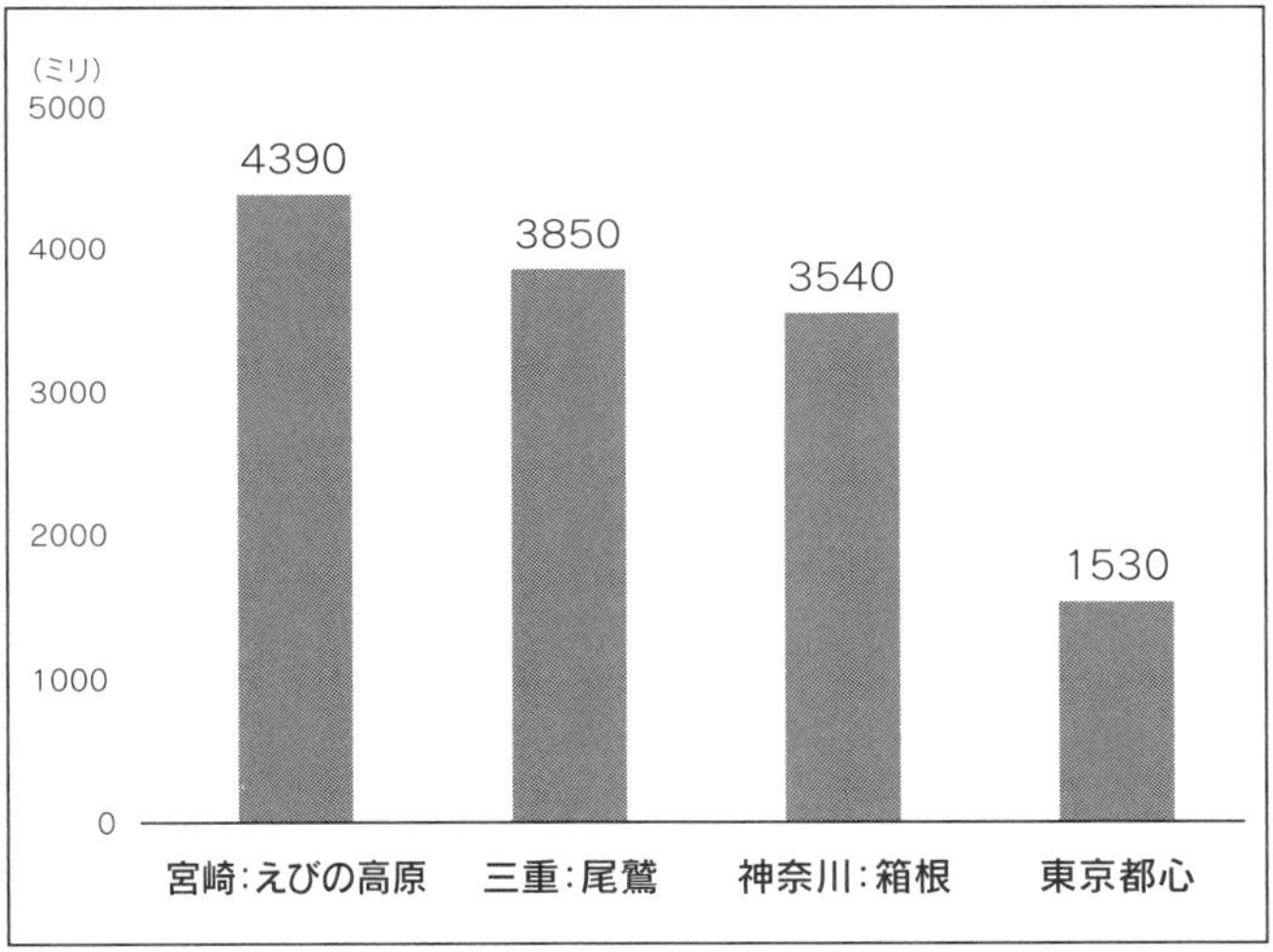

線や台風4号の影響を受け、えびの高原では5月13日から7月25日までの総降水量が4000ミリを上回り、年間降水量に近い豪雨となりました。

その後も、台風5号、6号が続けて九州に上陸。さらに、8月に入っても、前線が停滞したため、えびの高原では、7月31日から8月1日にかけての2日間で900ミリを超える大雨になりました。

9月には、非常に強い台風13号が鹿児島県に上陸し、ふたたび大雨に。もともと、雨が多いえびの高原ですら土砂災害があいついだ災害の多い年でした。

このように、暖かく湿った南東の風は、太平洋側の地域に大きな災害をもたらすことがあります。

*

一方、同じ九州でも、熊本県では南西の風が吹くと大雨になります。地域により、大雨になる風向きが異なるのです。

『雨にノボシカゼが加われば洪水になる』

熊本県阿蘇《あそ》地方のことわざです。「ノボシカゼ」とは南西風のことで、九州には、東シナ海から暖かく湿った南西の風が流れ込むことがよくあります。

平成24年7月九州北部豪雨では、7月11日から14日にかけて、福岡県や熊本県、大分県、佐賀県で記録的な大雨になりました。梅雨前線が対馬《つしま》海峡から朝鮮半島付近に停滞。前線に向かって、東シナ海から暖かく湿った空気が流れ込んだため、雨雲が発達したのです。活発な雨雲が線状に連《つら》なり、同じ地域にとどまり続けたのが大きな特徴でした。

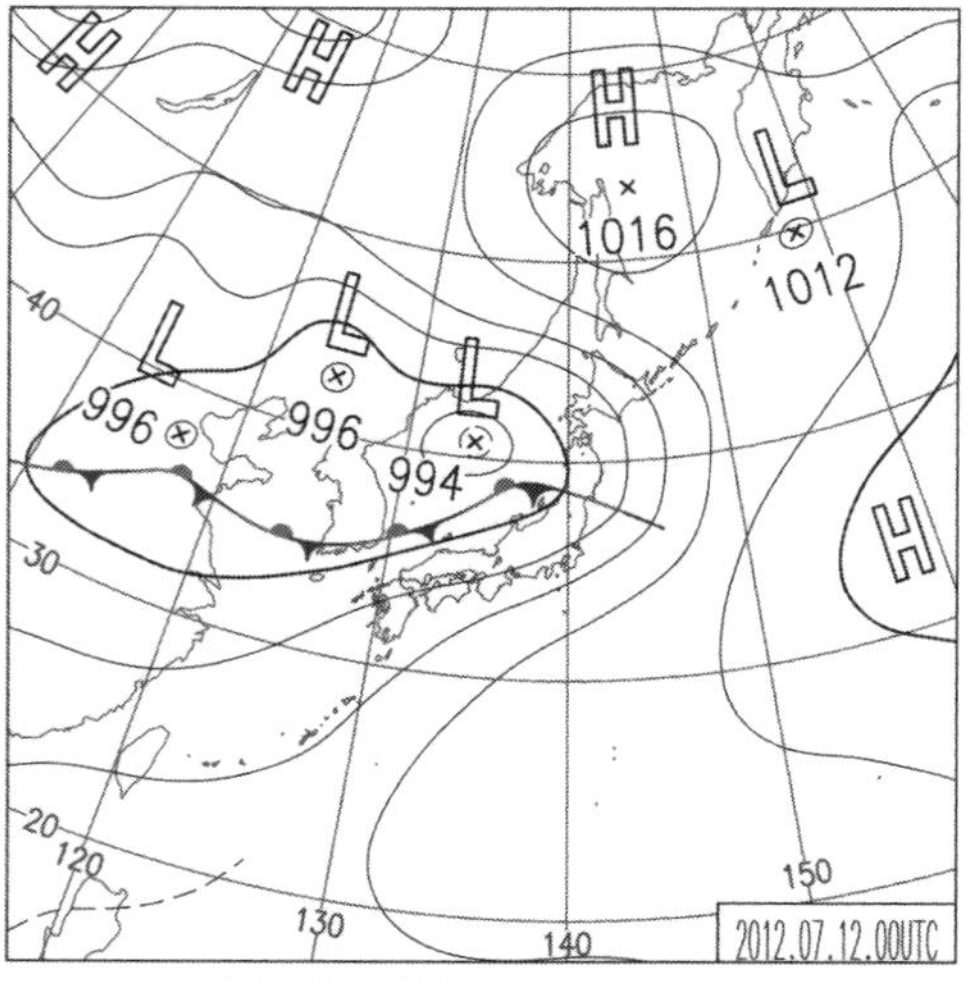

平成24年7月12日9時の天気図

（原典：気象庁「天気図」、加工：国立情報学研究所「デジタル台風」）

このとき、まさに九州には、豪雨をもたらす「ノボシカゼ」が吹いていました。12日の朝、熊本県阿蘇市乙姫《おとひめ》では1時間に108ミリの猛烈な雨を観測。11日から14日までの総雨量は、乙姫で800ミリを超え、7月1か月分の雨量を上回る大雨になりました。

この豪雨により、増水した川に流された人、土砂災害に巻き込まれた人などが命を落としました。死者・行方不明者は30人以上に上っています。

川が暴れる地

川の堤防沿いには、力強く根を張る柳などの木が植えてあることがよくあります。これは、堤防の決壊を防ぐための先人の知恵です。

『川沿いの木を、むやみに切ってはいけない』

私たちの命を守ってくれる木を切らないようにと戒《いまし》める意味で、このように言い伝えられています。

土砂災害や川の氾濫《はんらん》などの気象災害は、大雨などの自然現象によって起こるものですが、人的要因が被害の規模をさらに大きくします。

たとえば、平成20年（２００８）７月28日に起きた神戸市を流れる都賀川《とががわ》の水難事故です。この日の午後に降った局地的な豪雨により、川の水位が急激に上昇しました。都賀川の上流の周辺地域は宅地開発が進み、地表がアスファルトで覆《おお》われていたため、雨が地中へと染《し》み込まずに、そのまま川に流れ込んだといいます。さらに、川底もコンクリートで覆われており、短い時間で一気に増水しました。

川の水位は、10分間で約１メートル30センチも上昇。雨が降り出してからたった10分ほどという、あっというまの出来事でした。この急激な水位上昇によって、川や河川敷で水遊びなどをしていた子ども３人を含む５人が亡くなっています。

平成26年（２０１４）８月20日の広島市の土砂災害も、記録的な大雨になったこと、大雨が降ったのが夜中だったこと、そして人が自然に手を加えた地で起きたことにより、被害が大きくなりました。

被害があった地域は、昔から土砂災害が発生しやすい場所でした。広島市の安佐北区《あさきた》や安佐南区は「マサ土」と呼ばれる、広島花崗岩《かこうがん》が風化したものが表層《ひょうそう》に堆積《たいせき》している丘陵《きゅうりょう》地《ち》です。この「マサ土」は、雨が降ると、もろく崩れやすい性質があります。

しかし、もろい地質であるにもかかわらず、山に近い場所まで宅地化が進んでいました。そのうえ、夜中の大雨であったことから、避難することが難しいという悪条件も重なった結果、多くの貴《とうと》い命が土砂にのみ込まれてしまったのです。

＊

その土地で起こりやすい災害を、地名が教えてくれることがあります。昔の人は、災害の恐ろしさを後世に伝えるために、地名を災害の記録として残したのかもしれません。

『堤防が決壊した場所には、それを示す地名が残る』

岐阜県大垣《おおがき》市の言い伝えです。大垣市は〝水都《すいと》〟と呼ばれるほど、昔から良質な水が地下から湧《わ》き上がる地域ですが、一方で洪水に襲われやすい地域でもあります。集落を洪水から守るために大きな垣をつくったことから、「大垣」と呼ばれるようになったのだとか。

大垣市内には、島町、大島町、島里町など、「島」のつく地名が多くあります。この「島」というのは「周りよりも少し高い場所」を表しており、水害を避けるために、まずそこに集落をつくったのだそうです。

平成14年（2002）7月にも、台風6号と梅雨前線の影響で、大垣市は洪水に見舞われました。台風6号は、7月9日には南大東島《みなみだいとうじま》の東の海上を進み、11日に千葉県館山《たてやま》市に上陸。その影響で、本州付近に停滞していた梅雨前線の活動も活発になりました。

大垣市では、大雨によって市内を流れる大谷川《おおたにがわ》が溢《あふ》れ、広い範囲で住宅や道路、田んぼなどが水に浸《つ》かる被害が出ています。

ほかにも、全国各地に災害に関する地名があります。

【新潟県中越地震により埋もれた川】

新潟県を流れる「芋川《いもかわ》」も、過去の災害を表している名前だといいます。「芋」は、かつて「ウモ」と発音され、芋川は〝埋もれる川〟という意味だといわれているのです。

平成16年（2004）10月の新潟県中越地震の際、地震の揺れによって地滑《じすべ》りが起こりました。その影響で、山古志村《やまこしむら》では32か所で「せきとめ湖（23ページ参照）」が出現。大規模なせきとめ湖ができた流域の住宅が水没するなど、とくに芋川の近くで被害が多かったそうです。

【鎌倉大仏が野ざらしである理由】

神奈川県の「鎌倉」という地名も、土地の特徴を表しているといいます。「倉」とは、動詞のクル（刳《く》る。えぐるという意味）が名詞化したもの。倉は「地面がえぐられたような地形」という意味で、地名に使われていることが多いそうです。

鎌倉大仏は、かつては奈良の大仏のように、大仏殿のなかに鎮座《ちんざ》していました。しかし、今は大仏殿はありません。数百年も前に、大風や地震による津波で倒壊してしまったからです。

寛元《かんげん》元年（1243）に木造でつくられた初代の大仏は、のちに大風により破損しました。建長《けんちょう》4年（1252）からは、銅製の大仏が改めてつくられることになり、大仏殿も建てられました。

しかし、建武《けんむ》元年（1334）や応安《おうあん》2年（1369）の大風、さらに明応《めいおう》7年（1498）の明応地震の大津波によって大仏殿は倒壊してしまいます。明応地震の大津波は、紀伊半島から関東の広い範囲に到達し、場所によっては20メートルを超す津波が押し寄せたという記録も残っているそうです。

それから現在に至るまで、大仏殿は再建されていません。雨にも負けず、風にも負けず、露《ろ》坐《ざ》の姿となっています。

「倉」という字を使った地名は、ほかにも多くありますが、福島第二原発の所在地（福島県双《ふた》葉《ば》郡《ぐん》楢葉《ならは》町《まち》波倉《なみくら》）もそのひとつです。

波倉という地名は「波がえぐった地」という意味のようです。福島第一原発は、東日本大震災の大津波にのみ込まれてしまいましたが、第二原発は津波による損壊を免《まぬか》れています。

水害が非常に多い長野県の天竜川《てんりゅうがわ》流域には、つぎのような言葉があります。

『未満水《ひつじまんすい》』

長野県では、未年に大水害があるといわれていました。もちろん、未年にかならず水害が起こるというわけではありませんが、未年の正徳《しょうとく》5年(1715)に天竜川が氾濫《はんらん》し、洪水の被害が極端に大きかったことから、こう戒められるようになったということです。

天竜川は、過去に幾度《いくど》となく氾濫しています。雨が強まると、鉄砲水となることが多く、〝暴れ天竜〟と呼ばれているくらいです。

昭和36年(1961)の6月から7月にかけても、天竜川やその支流で大洪水が発生しました。この時期、本州には梅雨前線が停滞し、そこへ台風6号が近づいて前線を刺激したため、全国的に豪雨に見舞われました。なかでも死者がもっとも多くなったのが、長野県でした。

大鹿村《おおしかむら》では、大規模な土砂災害が発生。幅500メートル、高さ40メートルの大量の土砂が突然、村を襲い、当時2000人弱の小さな村は死者・行方不明者が50人超、重軽傷者は600人超に達しました。

平成18年7月豪雨でも、長野県箕輪町《みのわまち》の天竜川上流で、長さ約60メートル、幅約5メートル、

*

高さ約2メートルの堤防が決壊する被害がありました。岡谷《おかや》市では、土砂が樹木をなぎ倒しながら、周辺の集落を約1・5キロメートルにもわたって襲ったといいます。ほかの市町村でも土石流が数か所で発生し、この豪雨による長野県の死者・行方不明者は13人に上りました。

過去に何度も災害が発生しているような川では、大雨の際、とくに早く避難することを心がけてください。

＊

埼玉県や東京都を流れる荒川《あらかわ》も「荒ぶる川」と呼ばれ、これまでに洪水が頻発しています。

『蛙がおしっこをしても荒川があふれる』

埼玉県鴻巣《こうのす》市のことわざです。「わずかな雨でも油断するな」と教訓にしていたのでしょう。

埼玉県蕨《わらび》市出身の私の母も、幼いころに荒川が豪雨によって氾濫したとき、家の周辺の道路が大人でも歩けないぐらいに冠水したという経験があるそうです。そのときは船で救助されたそうで、大雨のニュースを見ては、私にその話をしてくれました。

荒川も、これまでくり返し氾濫していますが、カスリーン台風がやってきたときは、雨量が非常に多くなったため、大洪水に見舞われました。

カスリーン台風は、戦後まもない昭和22年（1947）9月15日から16日にかけて、日本列島を襲いました。死者・行方不明者は1930人。戦時中、軍事用に山林の木々が乱伐《らんばつ》されたこと、さらに戦後で治水の対策が十分でなかったことが、被害を大きくしたといわれています。

この台風は、勢力を弱めながら日本に近づきましたが、停滞していた秋雨前線を刺激。風による被害は少ないものの、雨による被害が大きくなる、典型的な〝雨台風〟でした。荒川は、熊谷市付近で100メートルにわたって堤防が決壊。このことわざが伝承されている笠原村《かさはらむら》（現：鴻巣市）にも濁流は到達しました。

また、利根川も埼玉県東村《ひがしむら》（現：加須市《かぞ》）で堤防が決壊し、埼玉県東部から東京都にかけて広範囲が水没しました。葛飾区《かつしか》など東京の下町も浸水したということです。

現在は、利根川や荒川の堤防は大雨にも耐えられるよう丈夫につくられていますが、想定外の豪雨に見舞われることもあるかもしれません。もし、自分の地域が浸水したらどんな行動をとるべきか、一度考えてみてください。

風が荒れる地

ある地域に限って吹く風のことを「局地風」といいます。この風は、人々の生活や農業、漁業に悪影響を及ぼすものがほとんどです。

『南の山に「けた」がかかると、やまじが吹く』

「やまじ」とは、愛媛県に吹く局地風のひとつで、強い南風のことです。愛媛県には、約80もの局地風があるといわれています。このことわざは、愛媛県伊予三島市《いよみしま》（現：四国中央市）に伝わります。

「けた」とは、手まりのような形の雲で、山の上に現れます。「法皇《ほうおう》山脈にけたが現れると山脈の北側の地域にやまじが吹く」といわれており、真冬の時期以外の2月から10月にかけて、とくに4月から6月に多く発生します。

「やまじ」には、ほかにも前兆があります。山のふもとでは、まず「誘い風」と呼ばれる、弱い北寄りの風が吹き出します。一方、上空では南寄りの風が強まりはじめます。

その後、ふもとでも風向きが北から南に変わり、しだいに「本やまじ」となって強まるといいます。この風は、時に最大風速30メートル以上の猛烈な風になります。

やまじの強さを表すことわざもあります。

『三豊郡《みとよぐん》で一升《いっしょう》吹くと伊予で一斗《いっと》吹く』

「三豊郡」とは、かつてあった香川県の西端の地域です。一斗は一升の10倍ですから、現在の愛媛県にあたる伊予では、三豊郡の10倍ぐらいの強風になると言い伝えられています。

＊

岡山県の「広戸風《ひろどかぜ》」も局地風の一種です。

広戸風は、鳥取県の方向から吹いてくる風で、鳥取県の千代川《せんだいがわ》に沿って吹く北風がV字の谷で収束《しゅうそく》し、那岐山《なぎさん》を越えて岡山県に吹き下ります。

岡山県のなかでも、津山《つやま》市や奈義町《なぎちょう》、勝央町《しょうおうちょう》など、那岐山のふもとのごく一部の地域に吹き、広戸風が吹き荒れると、稲など農作物にダメージを与えたり、住宅が倒壊したりするおそれがあるそうです。

広戸風がよく吹く時期は、9月から10月ごろの台風シーズンです。ちょうどお米の収穫の時期にあたるため、農家の人々を悩ませます。「広戸から嫁はとっても嫁にやるな」といわれるほどです。

この広戸風にも、前兆現象があります。

『風枕ができれば広戸風が吹く』

広戸風が吹く前は、那岐山の南斜面に枕のような形をした「風枕」と呼ばれる雲が東西に横たわるように現れるといいます。

昭和34年（1959）9月、伊勢湾台風が日本を襲ったときも、広戸風が吹き荒れて、この地に大きな被害を与えました。奈義町では見渡す限りの稲が倒れたり、窓ガラスが破損したり、屋根瓦《がわら》が飛散《ひさん》したり、電柱が傾いたりしたということです。

最近では、平成16年（2004）10月20日に台風23号が高知県に上陸した際も、広戸風が吹きました。この日、津山市では観測史上もっとも強い最大瞬間風速50・4メートルの北風が吹きました。まさに、これが広戸風です。

同日、台風が上陸した高知県の足摺岬《あしずりみさき》の最大瞬間風速は37・8メートルでした。広戸風は、足摺岬に吹いた風よりもはるかに強いものだったのです。広戸風は「台風や発達した低気圧が四国沖を通るときに、とくに強まる」という特徴があります。地形などの影響により、台風から離れていても危険な風になることがあるのです。

山越えの風は、大火の原因になることもあります。

＊

『南風はバカ風で、やむことを知らない』

これは、フェーン現象が起こりやすい北陸のことわざです。

低気圧が日本海で発達すると、南風が強まります。北陸は、立山《たてやま》連峰などの山々が南側にあ

フェーン現象のしくみ

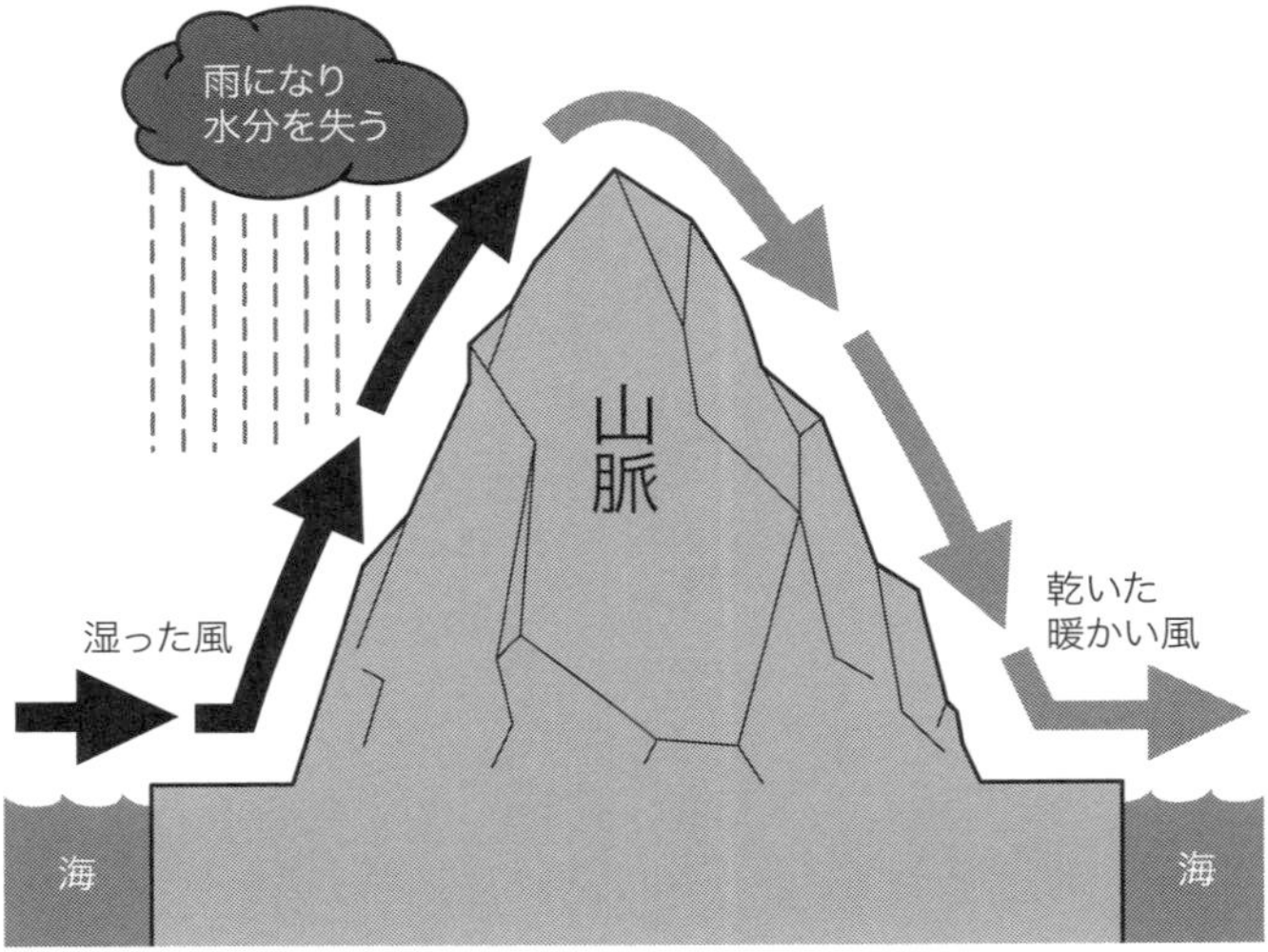

るので、南風は山越えの風になります。南風が日本海側に吹き下りると、風下側では気温が上がり、空気が乾燥します。これが「フェーン現象」と呼ばれるものです。この現象は、大火事や雪解け水による洪水、雪崩の原因になることがあります。

平成28年（２０１６）12月22日、新潟県糸《いと》魚川《いがわ》市で大規模な火災が発生。火元になった中国料理店から、３００メートルも離れた日本海沿岸まで火や煙が到達しました。

火が燃え広がった原因になったのが、乾いた強い南風です。このとき、日本海では低気圧が発達し、糸魚川市では24・２メートルの最大瞬間風速を観測しています。これだけ強い風が吹けば、一度ついた火は燃え広がります。じっさいに風下側に飛び火したことから、延焼《えんしょう》の規模が大きくなってしまいました。

空気もかなり乾いていたものと見られます。糸魚川市は湿度の観測がありませんが、隣の上越市では30パーセント台まで下がっていました。

また、気象条件以外にも延焼した理由があります。延焼した地域には木造の建物が多く、しかも密集していました。木造なので燃え広がりやすいうえに、消防隊が狭い場所に入れず、初期消火ができなかったことも被害を大きくする一因となりました。

火が完全に消し止められたのは、火災発生から約30時間後。住宅などへの延焼は、約4万平方メートルに上る大火になりました。

山越えの乾いた風が吹いているときは、火の取り扱いに注意が必要です。

フェーン現象が起きると、自殺者が増える?!

フェーン現象によって、気温や湿度が急激に変化すると、自殺や暴力行為、交通事故が増えることがあるといいます。

フェーン現象は、山の多い日本列島では、風向きによってあちこちで起こりますが、もともとは、スイスやオーストリアの谷地に吹く風のことを指していました。

北アメリカのロッキー山脈の東側では「チヌーク」と呼ばれています。春先の雪解けの季節に吹くことが多く、雪を解《と》かすと湿度が高くなり、高温多湿の蒸《む》し暑い風になります。そのため、その風が吹く地域の人々はイライラしやすくなり、喧嘩《けんか》したり、交通事故が起こったり、精神的に不安定になって自殺を図ったり……と悪影響を及ぼします。日本でも、フェーン現象が予想されたある日、日本気象協会が「車の運転や夫婦喧嘩に注意を」という呼びかけをし、話題を集めたことがあります。

*

一方、漁業が盛んな山口県萩《はぎ》市では、こんな風が危険な風とされています。

『北ゴチの風が吹いたら沖に出ると危ない』

萩市は日本海に面した街で、マイカやアマダイやトラフグなど季節によってさまざまな種類の魚が獲《と》れる漁業が盛んな地域です。この辺《あた》りの漁師のあいだでは「北ゴチは危険な風だ」と言い伝えられています。

「北ゴチ」というのは、北東の風のことです。「コチ」という言葉は全国で使われており、東風と書いてコチと読みます。文字どおり、「東のほうから吹いてくる風」という意味で、北ゴチは山口県などで使われている言葉です。

萩市の70代の漁師さんの話によると、北ゴチはおもに秋から冬にかけてと、梅雨の時期に吹く風のことだそうです。沿岸ではそれほど強くないものの、沖では暴風になるので「漁に出るのは危険だ」というサインになります。

漁師のあいだでは、これまで代々伝えられているそうですが、今は若い漁師が少なくなったため、北ゴチという言葉はおもに60～70代の方しか使わないといいます。

北ゴチが吹く気圧配置は、北に高気圧がある「北高型」や、南を低気圧が通るときだと推測できます。しかし、その漁師さんに、「北ゴチは、どんな気圧配置のときに吹きますか？」と聞いたところ、「天気図は見ない、体で感じるものだ」とおっしゃっていました。

やはり、自分の身を守るためには、五感を使うことが大事だと改めて感じました。

霧が現れる地

『北東風の霧はなかなか晴れない』

関東では、北東の風が吹くときに低い雲が出て雨が降ったり、霧が出ることもあります。濃い霧が出て見通しが悪くなると、車や船の事故が起こりやすくなります。

霧にもたくさん種類があり、それぞれ発生する原因が異なります。関東で北東の風が吹くときに発生する霧は「海霧」です。暖かい空気が、冷たい海の上を流れるときに冷やされてできます。

このタイプの霧は濃い霧になりやすく、しかも、霧の出ている時間も長いのが特徴です。霧で見通しが悪くなっているときには、車の運転に十分注意が必要です。運転中に濃い霧に遭遇してしまったら、まずは速度を落として、車間距離を十分にとってください。

また、日中であってもヘッドライトを点《つ》けてください。ハイビームではなく、ロービームのほうが有効です。ハイビームにすると、ライトが霧に乱反射し、かえって見通しが悪くなってしまいます。フォグランプがある場合は、フォグランプを点けてください。

運転を続けるのが危険だと感じた場合は、近くの駐車場など安全な場所に車を止めて、霧が晴れるまで待ってください。

おわりに

この本を読んでくださった皆さま、ありがとうございました。本書によって、非日常の気象から身を守る知識が増えたなら、これ以上の喜びはありません。

本書を執筆するきっかけになったのは、２年前の平成27年（２０１５）４月、新年度がスタートした日に、ＮＨＫラジオ『先読み！夕方ニュース』の畠山智之アナウンサーから提案された、あるひと言でした。

「天気のことわざを一日ひとつ見つけて、毎日の放送で伝えたらどうか。それをいつか本にしよう！」

このひと言がきっかけで、今、この本があります。はじめは、その日の天気に合ったことわざを見つけるのに苦労し、投げ出しそうになったこともありました。

しかし、毎日続けることで、気象災害からひとりでも多く、その命を助けることができればと思い、心を奮《ふる》い立たせました。

もうひとつ、「この本を多くの人に読んでいただきたい！」という気持ちが高まったことがあります。それは、畠山アナウンサーとともに、東日本大震災で大津波に襲われた地域を訪れしたときのことです。

宮城県名取市閖上《ゆりあげ》で、とてもショッキングな光景を目にしました。沿岸は見渡す限りの更地《さらち》で、いくつか残っていた建物もありましたが、それらはいずれも、柱や土台しかありませんでした。

津波の威力を感じました。凄《すさ》まじい勢いで津波が襲ってきて、多くの人が犠牲になったのだろうと想像すると、胸が締《し》めつけられるように痛くなりました。今後、同じように津波の犠牲になってしまう人がひとりでも少なくなるように、「身を守る知恵と方法」を本に残したいと思ったのです。

この本の出版にあたって、多くの方にご協力をいただきました。心より御礼申し上げます。

畠山智之アナウンサーは、本書を執筆するきっかけを与えてくださいました。仙台を訪れたときに災害伝承の話や、ご自身の津波の体験を聞かせてくださった、東北大学の川島秀一教授、貴重なお話をありがとうございました。

気象予報士の先輩方も、協力してくださいました。南利幸さん、武田康男さん、伊藤みゆきさん、福田寛之さん、田地香織さん、ありがとうございました。

家族にも感謝を伝えたいと思います。天気に興味をもつきっかけを与えてくれた梨農家をしていた亡き祖父、気象キャスターになることを応援してくれた両親にも感謝しています。

今後も、気象災害で危機に見舞われる人が少なくなるように、〝命を守る天気予報〟を心がけていきたいと思っています。

◉参考文献

『NHK気象ハンドブック』NHK放送文化研究所編（日本放送出版協会）
『ことわざから読み解く天気予報』南利幸（日本放送出版協会）
『天気予知ことわざ辞典』大後美保（東京堂出版）
『季節の366日話題辞典』倉嶋厚（東京堂出版）
『台風・気象災害全史』宮澤清治（日外アソシエーツ）
『自然災害防災教本』村岡治道（技報堂出版）
『自然災害から人命を守るための 防災教育マニュアル』柴山元彦、戟忠希（創元社）
『くらしの防災知識』土岐憲三（新日本法規出版）
『津波てんでんこ』山下文男（新日本出版社）
『今こそ知っておきたい「災害の日本史」』岳真也（PHP研究所）
『天災から日本史を読みなおす――先人に学ぶ防災』磯田道史（中央公論新社）
『天気がわかることわざ事典 富士山を中心として』細田剛（自由国民社）
『いのちを守る気象学』青木孝（岩波書店）
『日本気象災害史』宮澤清治（イカロス出版）
『明日の天気がわかる本』塚本治弘（地球丸）
『災害伝承――命を守る地域の知恵』高橋和雄（古今書院）
『天災人災格言集』平井敬也（興山舎）
『これが大異変の前兆だ』藤島啓章（日本文芸社）
『この地名が危ない』楠原佑介（幻冬舎）
『天災を予知する生物学』I・B・リティネツキー（文一総合出版）
『雲のすべてがわかる本』武田康男（成美堂出版）
『解明カミナリの科学』岡野大祐（オーム社）
『スマート防災 災害から命を守る準備と行動』山村武彦（ぎょうせい）
『信州暮らしのことわざ』和田登（しなのき書房）
『気象災害を科学する』三隅良平（ベレ出版）
『語りの講座 伝承の創造力 災害と事故からの学び』花部英雄、松本孝三（三弥井書店）
『大地震の前兆現象』弘原海清（河出書房新社）

＊本書は、単行本『気象災害から身を守る 大切なことわざ』（河出書房新社、2017年11月刊）を改題し、新装したものです。

弓木春奈 ゆみき・はるな

1986年、埼玉県生まれ。青山学院大学在学中の2007年に、気象予報士の資格を取得。大学4年生のときの2008年からTBSテレビで気象キャスターを務め、出演のかたわら、予報原稿の作成などサポート業務もおこなう。2011年からNHKテレビ『おはよう日本』に出演、2014年からはNHKラジオ第1で気象情報を担当している。著書には『一番わかりやすい天気と気象の新知識』(小社刊)がある。

ことわざに学ぶ
気象災害から命を守る知恵

2017年11月27日　初版発行
2023年11月20日　新装版初版印刷
2023年11月30日　新装版初版発行

著者——弓木春奈

発行者——小野寺優

発行所——株式会社河出書房新社

〒151-0051 東京都渋谷区千駄ヶ谷2-32-2

電話(03)3404-1201(営業)

https://www.kawade.co.jp/

企画・編集——株式会社夢の設計社

〒162-0041 東京都新宿区早稲田鶴巻町543

電話(03)3267-7851(編集)

組版——イールプランニング

印刷・製本——中央精版印刷株式会社

Printed in Japan ISBN978-4-309-29360-8

KAWADE夢文庫

一番わかりやすい 天気と気象の新知識

異常な空模様の「どうして?」に答える本

NHK気象キャスター
気象予報士
弓木春奈

河出書房新社